時を駆けた橋

井上靖も愛した沼津御成橋の謎

仙石　規

静新新書
022

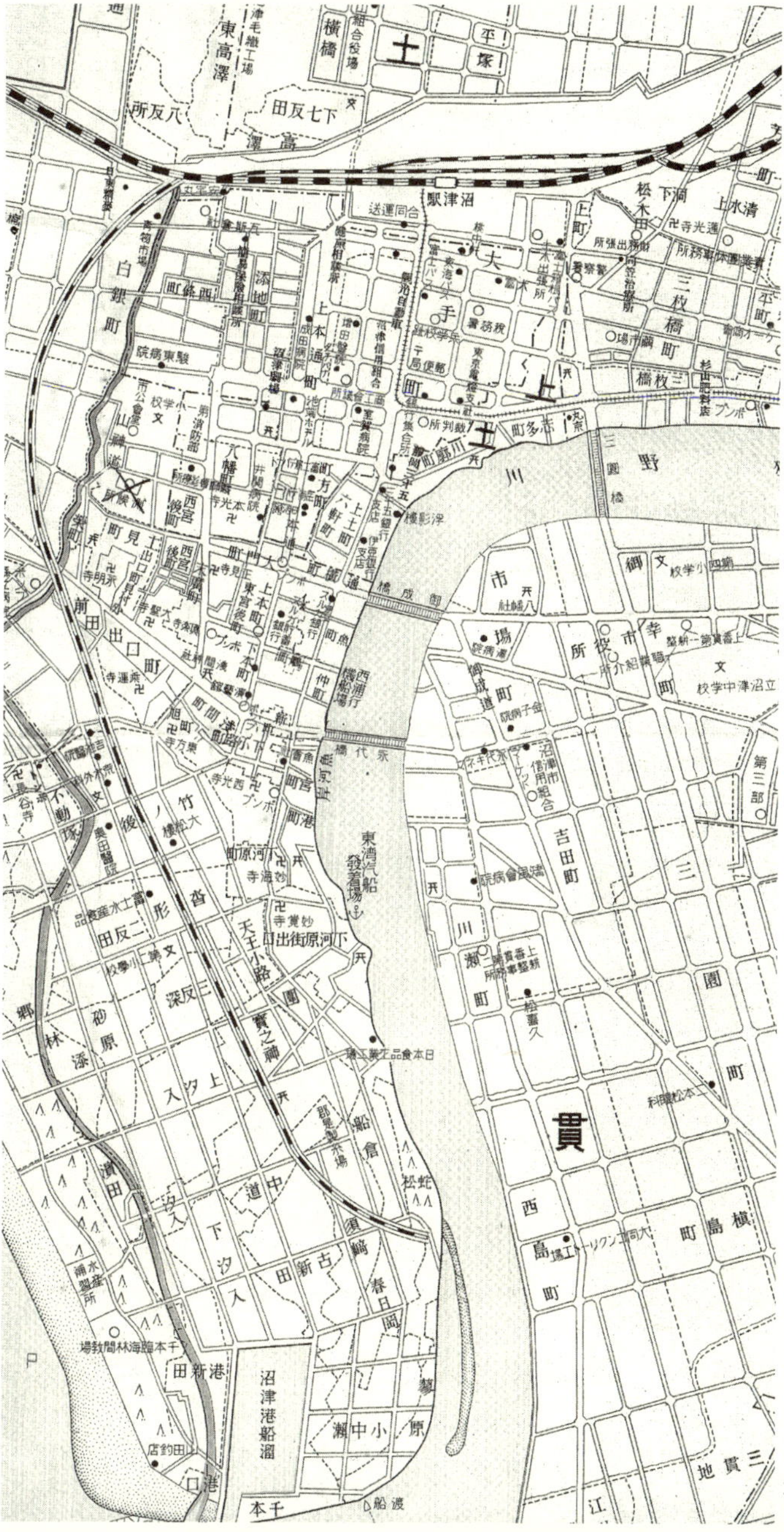

東高澤
横橋
平町
沼津駅
大手町
上土
三枚橋町
清水町
税務署
郵便局
白銀町
添地町
本通町
八幡町
西條町
宮後町
出口町
前田町
魚町
仲町
御成橋
永代橋
野川
市場町
幸町
御成道町
吉田町
川瀬町
市役所
西島町
横島町
貫
竹ノ後
富士形
二反田
三反深
添林
砂原
上夕入
下汐入
中道
宝之神
船倉
蛇松
古新田
須崎
春日岡
小中瀬
港新田
沼津港船溜
千本
港口
渡船
日本食品工業工場
東湾汽船發着場
下河原街出口
天王小路
妙覚寺
妙海寺

昭和1年の沼津の地図

●明治45年(1912)
7月30日　明治天皇崩御
●大正2年(1913)
3月3日　沼津大火
●大正11年(1922)
井上靖、沼津中学に転校
●大正12年(1923)
沼津町と楊原村が合併し、市制となる

鉄

橋

明治45年(1912)
7月28日開通
大正元年(1912)
8月1日「御成橋」と改称
●幅/5m
●橋長/82m

初代御成橋
(鉄橋)

昭和9年(1934)
狩野川改修工事開始
昭和12年(1937)
7月1日　二代目御成橋開通
●幅/15.6m
●橋長/130m

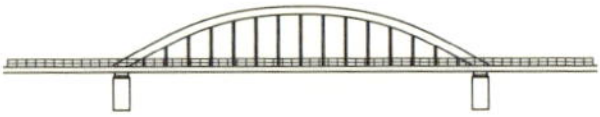

二代目御成橋
(鉄橋)

高欄共有・橋脚共有

御成橋の変遷

- 明治22年（1889）
  東海道線沼津停車場開設
- 明治26年（1893）
  沼津御用邸開設

渡し船 → 木橋

明治9年（1876）
8月3日開通
- 幅／3.6m
- 橋長／82m

明治23年（1890）
二代目港橋開通

明治28年（1895）
橋脚を煉瓦に改築

明治32年（1899）
公営化
（沼津町と楊原村に寄付）

初代港橋
（木橋）

二代目港橋
（木橋）

二代目港橋
（木橋・煉瓦橋脚）

はじめに

「御成橋の上から見る眺めも、いかにも都会の川といった感じで、橋付近の両岸は人家や倉庫で埋められている。その人家や倉庫の列が切れると、上流の方は青草に覆われた堤になり、川筋はゆるやかに大きく身をくねらせて視野から消えている。そして下流の方は少しずつ川幅を広くし、河口らしい貫禄を示して来る。しかし、洪作が狩野川を日本で有数の美しい川と信じているのは、この沼津の町中を流れている狩野川のゆったりした姿態の美しさのためではなかった。御成橋の上に立って、上流の方に目を遣る時、洪作はいつも天城山に源を発している狩野川という川の、その長い一本の川筋が眼に浮かんで来るからであった」

これは井上靖（明治四十年生〜平成三年没）の「しろばんば」と並ぶ自伝的小説の傑作「夏草冬濤《なつくさふゆなみ》」の一節である。大正十一年から旧制県立沼津中学（現県立沼津東高校）に学び、多感な青春の一時期を沼津で過ごした井上靖は、学校があった楊原《やなぎわら》村と沼津町の間を御成橋を渡って往復し、橋の上から上流を眺め、幼少時を過ごした懐かしい場所を偲んだ。現在の沼津御成橋は昭和十二年に改築されたもので、井上靖が愛した当時の橋は、明治四十五年七月に竣工し、大正元年八月一日に命名された初代の「御成橋」であった。百年近くにわたってこの橋は、大正二年に竣工、命名と公的文書には記されてきた。

二代目御成橋東側近くで生まれ、井上靖の後輩として沼津東高校に学んだ私は、ふとした運命の出会いから、初代御成橋の正確な竣工、命名日を突き止めた。たかが数カ月の違い、それもたかが地方の、今は建て替えられた橋の事で騒ぐなんて馬鹿馬鹿しいと思われる方も多いだろう。しかし、この発見の陰には明治時代から大正時代への転換の驚くべき出来事にまつわる謎が隠されていたのだ。タイトルの「時を駆けた橋」のとおり、この橋は生まれた日は明治時代だったが、二日後には大正時代になり、四日後にひっそりと命名されるまでは名無しだったという信じがたい生い立ちだったのだ。

さあ、この不思議な橋にまつわる物語を江戸の昔から現代に至るまで語ることにしよう。

目次

一　沼津って？

静岡県東部の中核都市沼津、二十万都市であり、伊豆の山々の奥から流れてきた狩野川が豊かに広がる駿河湾に流れ込む平野に発達した街。富士山の眺めも麗しく、海の幸と温暖な気候に恵まれる。かつては東海道の宿場町、そして城下町であった。

しかし県外の人に「沼津出身です」と言っても何パーセントの人がこの街を知っていると答えるだろうか。「焼津は知っていますが」「新幹線の駅はあるのですか？」「三島より大きい都市ですか？」「寿司と干物以外に名物は何があるのですか？」このような冷たい反応を私は何度も経験した。誰か有名な出身者はいますかと聞かれても戸惑ってしまう。若山牧水、井上靖、大岡信も沼津に居住したり学んだりしたが出身地は違うし、出身者である芹沢光治良の作品も意外と知る人は少ない。駅を降りると干物屋や寿司屋が軒を連ねていて、すぐに海岸に行ける漁村だと思っていた人も多かった。

だが、沼津出身者はここが素晴らしい環境であると信じて満足しており、よそ者に批判されると烈火の如く怒る者も多い。「暖かくて、魚もおいしくていいですね」と褒めれば「そうだら、のんびりして海も富士山もきれいでよいところだら。東京にも近いしさ」と沼津弁で答えニコリとする。それが典型的な沼津の人だ。方言は知らないものにはきつくて、馴れ馴れしく不快に感じる人も多い。「くれてやる」（差し上げます）など他所では犬畜生に使う言葉を悪気なく他人に使うし、「舎弟《しゃてい》」（兄弟）という響きにヤクザの気配を感じて身構えたという笑えない話も聞く。道を尋ねる時も「すみません」ではなく「あのさ〜」に、ノー・アンサーになってしまったとの笑い話もあった。公共の場のマナーも目立ってよくない。東海道線の乗降時の割り込みは顰蹙《ひんしゆく》もので、車内でも老若男女の乗客が座席に荷物を置き脚を組んでふんぞり返っている。街には煙草の吸殻があふれ、放置された自転車が美観を損ねている。自動車と自転車の運転もかなり乱暴だとよそから来た人は眉をひそめる。

沼津の位置が中途半端なのも、発達を妨げている。電気の周波数は富士川以東が東日本圏で東京電力の供給だが、鉄道はJR東海の範疇《はんちゆう》で、東西の分かれ目の位置なのだ。企業も名古屋系が多く、東京が本社の企業も東京のほうが距離的に近いのに、名古屋の支店から役員が出向するところが多いようだ。周辺には箱根、熱海、伊豆という国際的に有名な観光地があり、これといったところもない沼津の観光地はとても太刀打ちできない。東海道新幹線の駅の誘致に失敗したのも大いなる痛手であった。東名高速インターはできたが、伊豆方面に観光客は流れてしまい、せいぜい魚市場周辺に寿司を食べに来る客が沼津に立ち寄る程度だ。

短大、大学（街から離れた山の上に東海大学はあるが）といった高等教育施設も欠けているし、駐車場の十分整備された音楽施設も周りの都市にあるものの方が優れているので、いい公演は滅多に訪れない。大きな企業も近年では移転、縮小するところが多く目立つ。商店街は昼間はシャッターが目立ち、夜も八時前には寂しく閉まる店も多く、風俗店のけばけばしいネオンの明かりだけが残る。地元の高校を卒業して東京の大学に進学した者たちもそのまま便利で楽しい生活が送れる都会に就職して、沼津にUターンしない場合も多い。

戦後の沼津は「反対運動」が続いた。公害をもたらしたであろう石油コンビナートが反対で挫折したのはよかったが、大ビール工場の進出や大型船舶が入港できる港湾の建設にも反対したことは沼津の衰弱を加速させたのではないか？　企業の進出で労働人口も増加して、海上交通の増加も活性化につながったであろうに。

人々の保守的なところも典型的な田舎人気質だ。沼津町と楊原村が合併して沼津市が誕生したのは八十年以上前だが、旧沼津町の人々には未だに「川向こう」といって狩野川東岸の地区をさげすむ者までいる。四十年前に沼津市と合併した原で診療所を開業したのだが、「あんな辺ぴなところで開業しても仕方がないだろう」と失礼なことを言う人が多かった。素朴さが残るよい住民が原には多く、東海道宿場町としての面影も残るよい地区なのに。今後も、三島市、清水町と広域合併を進めるのが東部中核都市として沼津市が生き残る道だと思われるが、メンツや伊豆・駿河の違いなど、信じられない低レベルの意地の張り合いが合併協議の妨げになっているのは情けない。

さんざん批判を述べたが、私はこの沼津を嫌いにはなれない。そしてかつての賑わいを少しでもいいから取り戻してもらいたいのだ。その中心になってほしいのが「御成橋」周辺のリバー・サイドである。かつては富士山を望み美しいアーチを持つ御成橋が蛇行する狩野川に架かる景色は絶景と賛美され、明治・大正時代には多くの絵葉書も作られた。狩野川堤防の整備も近年美しく整えられ、大きなホテルも建てられた。千本浜もよいが、周囲に美しい海岸はいくらでもある。しかし、クラシックな美しい橋と秀峰富士、そして伊豆と駿河を育てた母なる狩野川がたえなる調和を見せてくれる場所は他にはない。東海道線沼津駅からも徒歩で至便の距離にある。観光やビジネスで訪れた外から来た人々の心にも「また訪れたい」と魅せる力がこのリバー・サイドに存在すると私は信じている。

二　私と御成橋

私は昭和三十一年十月五日、沼津市市場町（当時は上香貫市場町）に仙石家の長男として生まれた。祖父は昭和四年に静岡から当地に来て耳鼻咽喉科医院を開業し、父も私が生まれたときは二代目の仙石医院院長として医業にいそしんでいた。もの心ついたころから両親や祖父母と共に狩野川の西岸に栄えていた街に美しくアーチを描く御成橋を、北に富士山を眺めながら渡っていった。当時は御成橋までの市場町前の道路は未舗装で、通行する自動車も少なく、時折馬車が通ることもあり、今より急勾配だった御成橋までの坂路で馬が一休みして水を飲ませてもらったり、糞を落としたりとのんびりした風景がまだ残っていた。向かいの八幡様の森では夜ごと梟《ふくろう》が啼《な》き、ロバのひく馬車に乗ったパン売りが陽気な歌を流しながらやって来ると、少年の私は十円玉を握り締めて道に飛び出していったものだ。

静岡県東部に未曾有の被害をもたらした狩野川台風は私が二歳になる前に襲来し、記憶はほとんどないが、後年放水路が開通するまでは、大きな台風がきて川の水位が上がると、近所の人々と共に現在はマンションになってしまった所にあった静岡銀行香貫《かぬき》支店に避難した覚えがある。台風が去った後、祖父に手を引かれて御成橋の上から濁流となって流れる川を眺めた時、普段は優しい流れが恐ろしい牙をむいたかのような変貌に驚き、恐怖で泣き出し叱られて帰ったこともあった。

小学生時代、春は霞立つ狩野川の土手で土筆《つくし》を摘み、堤の桜の花吹雪を浴び、夏は燦燦《さんさん》と輝く太陽の下、網と籠を手に川縁を駆けずり回り虫をとり、一年で一番楽しみにしていた狩野川花火大会を自宅の庭や川の桟敷から眺め、秋は涼風が吹き虫の音が響く橋の下の草地で祖父と鯊《はぜ》釣りをし、植物採集にも熱中した。冬は今より何日も吹き荒れた強い西風の吹く橋をやっとの思いで凍えながら渡り、私の四季はいつも狩野川と、力強くも優しい、空にアーチを描く御成橋と共にあった。

当時の沼津は昭和三十二年に西武百貨店が開店、続いて幾つものデパートが開店し、沼津駅南口周辺に商業の中心地が移っていった時代であったが、御成橋西の上土町《あげつちちょう》やアーケード商店街、本町《ほんちょう》、下本町にもまだ多くの商店が繁盛していた。何よりも本とレコードが好きだった学生時代は通横町《とおりよこちょう》のマルサンや蘭契社といった書店、上土町にあったヨネヤマ、カネサシといったレコード店に学校から帰ると毎日のように通った。今ではこの地区に新刊の書店、レコード屋がすっかりなくなってしまったのが寂しくてならない。現在のサンフロント・ビルが建つ場所には、座敷から橋と川が美しく眺められた鰻割烹の「寿々喜」、極彩色のファサードが目立ち、大きな焼売《しゅうまい》とパリパリで具がどっさり載ったかた焼そばがおいしかった中華料理店「五九楼」、「老獨一処《ろうどくいっしょ》」という不思議な名の小さな餃子専門店などの飲食店が軒を連ねていたのも懐かしい。

祖父からは、沼津に開業した当時架かっていた初代御成橋を往診などで人力車にて渡る時に、鉄橋なのにかなり揺れるのが怖かったという不思議な思い出話を聞いた。大正十二年生まれの父からは、昭和十二年七月一日に盛大に開催された二代目御成橋の開橋式に感動した思い出、旧制沼津中学生時代（校舎はまだ御幸町の現沼津文化センターの地にあった）に名物だったボート・レースを橋から応援したり、橋からまだ深かった川に飛び込んで泳いだ話などを聞いた。「橋の高欄は立派なものだったけれど、第二次大戦末期に軍が徴集してしまい、その後貧弱なものに換わってしまったままだな。いつか元に戻してもらいたいね」と話していた父の顔が昨日のように思い浮かぶ。

私も岡宮に移転してしまった沼津東高校に、昭和四十八年に入学し、以後三年間は毎日御成橋を渡って通学した。失恋の涙を橋から川に流した時もあったし、河堤を楽しく友と歩んだ時もあり、多感な青春の悲しみも喜びもこの橋はじっと見守ってくれたような気がする。

高校卒業後は東京の大学に学び、大学付属病院で研修を受けて平成元年に帰郷し、沼津市原町中で開業するまでの十四年間は東京に暮らした。御成橋は帰省した時に実家手前で「おかえり」と優しく迎えてくれる懐かしい存在でいてくれた。開業してから二年近くは市内西島町の川岸のマンション、その後は沼津駅北、高島町のマンション住まいを続けていてしばし橋とは疎遠になっていた。しかし平成十四年の父の死をもって市場町の診療所は廃院となり、独りになってしまった母と住まうことになった。旧医院の建物を取り壊して家を新築し、三十年ぶりに市場町の住人となり、毎日御成橋を渡って通勤する日々を送るようになった。

近年はイタリアの文化と音楽、東京都中央区の歴史を研究することが一番の趣味であったが、懐かしい御成橋や賑やかだった往年の沼津に関する文献を集めて郷土史の研究をしようと思い立ったのも、幼なじみの橋と亡き父からの呼び掛けのような気がする。そして以前から不審に感じていた初代御成橋の改築、改名の年の問題を研究している内に思いがけない真実を見つけたのだ。

まず、橋のない渡し舟時代、そして御成橋のルーツとなった港橋の歴史を紐解いてみよう。

三　川を渡ったロシア人〜渡し舟の時代

沼津に向かって伊豆方面より西に流れてきた狩野川は大きく南に蛇行して駿河湾河口に向かう。南に大きく曲がってしばらくした位置に御成橋とその前身の港橋は架けられた。橋から西の地区は旧沼津上土町で、東海道の宿場町、商業の中心地として発達した。一方東の地区は旧上香貫村で、東の香貫山と川の間は香貫と呼ばれて、肥沃な土壌と温暖な気候に育まれたナスやキュウリなどの野菜が収穫された農村地帯であった。沼津町と上香貫村は狩野川で大きく隔てられていて、明治九年に港橋が架けられるまでは渡し舟が唯一の町と村を結ぶ交通機関であった。江戸時代は幕府の政策で、地方の大きな川に橋を架けることは軍事上の問題となるために固く制限されていた。利根川などの大河にも渡し船が運航していたのは歴史小説などでおなじみである。

沼津市市場町の私の生家の向かい側には「市場八幡」と呼ばれる八幡神社が鎮座している。市場町という名も香貫地区の農家の野菜市場がこの神社付近にたったことに由来する。鳥居前のバス停そばには「市場の渡し」の石碑が近年設置された。碑のプレートには渡し舟で狩

狩野川を渡し舟で渡るロシア人たち（地震之記より）

野川を渡る人々の絵がプリントされているが、面白いことにこの船に乗っているのはロシア人たちなのだ。

幕末に、弱体化した江戸幕府に開国の要求を突きつけに、多くの外国の軍艦が下田を訪れた。ロシアの総督プチャーチン一行も軍艦「ディアナ号」にて下田港に停泊して、交渉の準備をしていた。嘉永七（一八五四）年十一月四日午前九時ころ、紀伊半島南岸を震源とするマグニチュード推定8・4の大地震が発生した。この地震は通称「安政東海大地震」と呼ばれる。この年十一月二十七日に「安政」と改元されたので実際には嘉永年間に発生したが「安政」と呼ばれるのだ（安政年間になって他の地震も多発し「安政地震」

は複数あったので要注意）。この地震は九州から東北地方にまで大きな被害をもたらした。下田港にも大津波が押し寄せ、停泊中のディアナ号も大破してしまったのだ。帰国するためには大修理を必要とし、幕府の役人とロシアの役人が協議して安全に修理ができる港を周辺で探した結果、白羽の矢が立ったのが戸田《へだ》村の港（現沼津市戸田）であった。早速ディアナ号は付き添い船を伴って、下田から戸田に向かったが、「月の女神」の名のディアナ号はよほどツキに見放された船であったようで、地震の次に海上で待ち受けていたのは大暴風雨であった。戸田に近づくこともできずに駿河湾を漂流したディアナ号は富士の宮島付近で座礁して、その後沈没して海の藻屑と消えた。付き添い船は原一本松付近に漂着した。両船の乗組員はほぼ無事に助かり、地元の日本人の親切な助けに感心して「日本人は優しい心を持った素晴らしい民族である」と本国に報告され、偶然に日露の友好関係が築かれたのは嬉しいエピソードだ。

プチャーチン総督とロシア人乗組員はその後陸路で、新たな船を建造するため、戸田村に向かうことになったのだが、その際に「市場の渡し」を渡った様子が、沼津藩士山崎継述による「地震之記」に描かれている。まだ鎖国から醒めたばかりの日本人にとってロシア人の姿と行動は好奇の的となったようで、乗組員が渡し船の上から川の水を手ですくって飲んだことまで絵に注釈されている。

この市場八幡付近から狩野川西岸の上土町までの渡し船は「大渡し」とも呼ばれて、港橋が架設されるまで、多くの人々が利用した。狩野川には他にも何カ所かの渡し船が存在して対岸への交通として使われていた。昭和四十六年までは現在の港大橋付近にも渡し船が運航されており、幼い日に父と荒涼とした冬の日に船に乗り川を渡った思い出がある。平成九年から沼津市観光協会で復活版「我入道の渡し舟」が土日、祭日に運航されるようになった。上流は「あゆみ橋」北側に発着所があり、御成橋、永代橋、港大橋をくぐって、狩野川河口近くの我入道、蓼原町まで十二名の定員の小型船がかつての渡し船の雰囲気を彷彿《ほうふつ》させ運航されている。

四　木で造られた港橋の物語

明治時代になり、地方の川の架橋にも許可が出るようになっても、狩野川にはなかなか橋は架けられなかった。農村地帯の上香貫村と商業地で宿場町の沼津上土町を結ぶ橋を造って交通の便を図ることは重要な地域発展につながると考え、実行に移した偉大な人物がいた。初代和田伝太郎氏である（子息も伝太郎を襲名して、大正十二年に初代沼津市長に就任した。郷土資料の中には初代、二代目を混同しているものも散見《さんけん》する）。和田氏は弘化四（一八四七）年三月九日に沼津出口町（現幸町）に米穀商の息子として生まれ、幼少時より漢学、和歌に秀でて、二十代のころから沼津区長を務め、明治十二年に県会議員となり、三期を勤め、明治二十二年に町会議員となり、沼津町の政治家として活躍した。また沼津銀行（後年静岡銀行沼津支店に吸収）の頭取、同行系列企業の駿豆肥料、沼津倉庫の社長も務めた事業家でもあった。大正五（一九一六）年に七十歳で逝去した。

和田伝太郎氏は大平《おおひら》の原大平氏と相談し、狩野川初の架橋事業を民営で行うことにした。両氏が架橋結社惣代人となり、百九名の地元有志者が共同出資した。橋の設計は七名に依頼

明治9年架橋された初代港橋（中央上は市場八幡の森）

して、コンペの結果採用されたのは東京第一大区十小区新湊町五丁目一番地の小倉国吉氏のものであった。この設計図（絵画図）は現在私が所有するが寸法は長さ約二メートル十二センチ、縦約三十八・四センチで彩色された美しいものである。小倉氏の住所は、現東京都中央区の湊町三丁目である。私の東京の住まいである佃のマンションから隅田川を隔てて目と鼻の先の地区であり驚いた。江戸時代には鉄砲州と呼ばれて、幕府の軍事演習場であった付近で、船大工が多く居住していたらしい。木橋の設計も船大工が手掛けることが多かったのだ。港（湊）橋が湊町の人によって設計されたのも面白い。総工費三七二九円三六銭七厘八毛をもって全長四十五間（一間は一・八二メートル）、橋幅二間の木橋が完成した。明治九年八月三日に花火も打ち上げられる中、盛大な渡り初めが行われ、その情景は沼津市千本常盤町の長谷寺に奉納された絵馬に描かれて現存している。絵馬に描かれた橋はデフォルメされて太鼓橋のように見えるが、実際の橋は平面であった。

民営の橋なので、午前四時から午後六時までは橋番が駐在し、通行する人や交通機関から渡し賃を徴収した。人間は一人四厘、駕籠と人力車は客を乗せている時は一銭二厘、空車だと八厘、荷物を載せた牛馬は一銭二厘などと細かい通行料金の記録が残されている。火事などの非常時の際や通学生徒、橋の水防人足は無償で通行できた。現代の物価だと四厘は五十円ほどだろうか。明治十年には一カ月に平均二万九千人もの通行者が橋を渡ったそうだ。当時の交通量がかなり多かったのには驚かされる。初代港橋は、弱い構造の木橋であったので暴風雨、洪水のたびに破損、流出を繰り返した。完成してから一カ月余りで大破して大修理を必要として、百九名いた共同出資者も一時は十名に減り、経営が困難だった時もあった様子だ。明治二十三年八月には洪水で橋は流出してしまい、和田氏、原氏らは担保を出して県庁から資金を借りて橋の再建に取り組み、同十二月には三連木造アーチ状の二代目港橋が竣工した。明治二十六年、楊原村島郷に沼津御用邸が開設され、皇族方の通られる橋として重要性は高まってきた。

明治三十一年には渡し賃の収入で負債の返済が完了となったので、篤志家の和田氏は修繕費として千円までつけて、沼津町と楊原村へ寄付することを決めた。しかし、二代目和田伝太郎氏の回想によると思わぬ事態が起きた。港橋下流には明治十六年から「入船橋」という木橋が架けられていたが、やはり水害をこうむり流出したため、明治三十年代初めに仲町の某氏が私財を賭けて個人経営の橋を架設し「永代橋」と名付け、橋銭を徴収していた。永代橋という名も、皇太子御夫妻を開通式に御招きして命名したと言われるが確証はなく、かなり港橋をライバル視していた様子だ。港橋が町と村に寄贈され、無賃の橋になると有料の永代橋は渡る者がいなくなって経営困難になってしまうと某氏は沼津町の有力者に働きかけて、町会で寄贈を断ろうとしたのだ。一方楊原村は喜んで寄付受け入れを表明した。このことが沼津町民に知れ渡り、猛烈な抗議が町会議員に殺到して、町会は受け入れを表明し、無事に港橋は寄贈され、明治三十二年二月より港橋は無賃の公的所有の橋となった。一方ライバル永代橋は、洪水のたびに三度も流出し、某氏は今沢海岸まで流れた橋材を拾いに行って建て直したという涙ぐましいエピソードも残っている。根性も尽き果てて大正三年に永代橋は沼津町に寄付された。

和田伝太郎氏や原大平氏の偉業を後世に伝えるために、明治三十八年に御影石に漢文で橋の由来を記した「港橋創架碑」が市場側南の橋の袂《たもと》に建立された。この碑は昭和九年、狩野川拡張工事の際に市場町八幡神社の近くに香貫公園に移転され現存している。明治末期に港橋は静岡県に移管された。

なお、橋の名称は当時の「沼津港」が橋の下流の西岸に位置していたことに由来する。「港」を「湊」と表記する場合もみられるが、架設当時の史料では「港」の表記がほとんどなので、この文字に統一した。

五　市町村誌

日本全国津々浦々の都市町村区にはその地の公的資料、市町村誌が必ずと言っていいほど存在し、郷土史研究のデータ・ベースとなっている。

初代御成橋の架橋、名称改変について初めて記された市町村誌は、「駿東郡沼津町誌」である（元本は静岡県立図書館蔵、昭和五十五年に沼津市立駿河図書館から「沼津資料集成七巻」として活字化、復刻された）。この「沼津町誌」は大正六年に駿東郡役所発行「静岡県駿東郡誌」を編纂するための資料として、郡役所の命令で大正元年から同三年ごろに沼津町（沼津が市制化されたのは大正十二年）で執筆されたと推定される資料である。編纂者は不明であるが、使われた原稿用紙などから静岡県立沼津中学校、駿東郡沼津商業学校の関係者と推測されている。「交通運輸」の「橋梁」に関する解説の「港橋」の記述に「港橋ハ狩野川に架せる橋にして、明治九年八月三日の開橋なり。其以前は船渡なりしが、此時より木橋となり、時々出水の際は流出の憂あり。且御用邸の桃郷に開かるゝや、官道となりしを以って、煉瓦を以て積み立てたれば墜落の憂いなし。大正二年三月改築して御成橋と改称す」

（港橋は狩野川に架けられた橋で、明治九年八月三日に開橋した。その前の交通手段は渡し舟だったが、この時から木の橋となって、洪水の時はたびたび流される危険性があった。御用邸が桃郷〈島郷とも書く〉に開設されて、道路も公道となったので、橋脚を煉瓦《レンガ》で積み立てて造り、橋の落ちる心配をなくした。大正二年三月に改築して御成橋と改称した）とある。大正二年三月三日には沼津町の市街地を焼き尽くした「沼津大火」が発生しているのに、その月に駿東郡初の鉄橋「御成橋」が改築されたとは不可解だなと、私はこの資料を初めて見た時から感じていた。しかし、この資料が書かれた時期はまさしくその大火直後と推測されているので信憑性を疑うことは難しい。この資料を基にした前述「静岡県駿東郡誌」にもほぼ同様の記述で、「大正二年三月に改築、改称」と記されている。「静岡県駿東郡誌」を編纂する際に、御成橋東側の楊原村でも「駿東郡楊原村誌」が作成されたがこの文書は現存していない。しかし大正七年には「村誌」を元本とした「楊原村沿革誌」が発行されている。二㌻目の「交通」には「中流ニ御成橋（前ニハ港橋ト云明治十一年初メテ架設セリ）」との短い記述のみ書かれ、御成橋の改築、改称に関しての記述はない。

　市制化で沼津市となってから最初に編纂された市誌は昭和十二年に蘭契社から出版された「沼津市誌　全」である。編纂者は沼津市役所内「沼津市郷土研究会」となっている。八十八ジペー、「第五節　橋梁（イ）御成橋」には「是れ大正二年三月の改築にして御成橋と改称す」と「駿東郡沼津町誌」、「静岡県駿東郡誌」とほぼ同様の記述となっている。

第二次世界大戦後、昭和三十年代に、全三巻の本格的な「沼津市誌」が刊行された。昭和三十六年刊行「中巻」の百十二ジペーには「旧御成橋」として初代御成橋の写真が二代目御成橋の写真と共に掲載されている。港橋の沿革の解説の後「しかし、この木橋も時々の洪水のため流出の厄にあい、ことに明治二十六年島郷《とうごう》に御用邸が設けられて以来、皇室ならびに皇族の利用が数多くなったので、大正二（一九一三）年三月に至り、橋台を煉瓦で積み上げ鉄橋を架け、ここに橋名を『御成橋』と改めた」と書かれている。この「沼津市誌」は近年まで、最も信用されてきた公的資料であったが、この記述には三つもの重大な誤りがあることが判明した。

平成四年から沼津市は、教育委員会文化振興課に市史編纂室を設け、膨大な資料編、史料篇を全十一巻と別巻を同十三年までに発行して、現在「通史篇」を刊行中である。今回の私の調査により、初代御成橋の正しい開通、改称年月日が発掘されたので、「沼津市史編纂室」には即連絡をした。数カ月たって年も改まった平成二十年初頭に、編纂室の市職員が来訪した。同二十一年に刊行予定の「沼津市史　通史篇近代」は国立大学の名誉教授、教授の執筆にてほぼ原稿を完成していた。私の指摘にて、橋に関する代々の誤った年月日は急遽削除されることに決定したとのこと。しかし修正に十分間に合うはずなのに、正確な年月日は本編にもはや反映出来ない。その代わりに、市史よりもさらに市民の目に触れることが少ないパンフレットに、年月日が判明した経緯を私の筆で穏便に書くことで納得してくれという対応だった。しかたがない……沼津よりも、日本よりも、何千年も歴史が深い欧州、中東、東洋、アメリカやアフリカ……世界中で歴史とは、その国の為政者に都合よく記述されてきたのだから……とヴェルディのオペラ「アイーダ」の映像を悔し涙で観ながら思った。この作品は、エジプトの墓石から二千年以上たって発見された、生き埋めで処刑された貴族のカップルの抱き合ったままの姿のミイラに心揺すぶられた巨匠が作曲した名曲だ。ペン（活字も五線譜も）は剣（権）よりも強し！　いつかすべての市民に真実を知っていただく日が来るように願っている。

六　沼津大火

「名物はかかあ天下に西の風」と明治時代の観光ガイド「沼津之栞《しおり》」にも書かれているとおり、冬から初春にかけては強い西風が沼津一帯に吹き荒れる。その風に煽られ、明治から大正にかけて、幾度もこの地に大火が発生した。中でも大正二年に発生した「沼津大火」の業火は沼津の中心街をなめ尽くして壊滅状態にした。火元は沼津町出口町（現沼津市幸町）の青果店（焼芋店とも言われる）で、雛祭りの三月三日の午後三時ころ、家人が夕餉《ゆうげ》の準備でネギを煮ていた際に接客で、老人に火の監視を頼んでいた隙に出火したらしい。折からの強い風に煽られて火は凄まじい勢いで燃え広がり、東は狩野川西岸、西は当時の子持川周辺、南は永代橋から間門《まかど》へ向かう道付近、北は沼津停車場まで火災は及び、一千四百六十八戸が焼失した（付図沼津町大火略図参照、まだ「御成橋」ではなく「湊ハシ」と記載されている）。

港橋がこの大火で消失したという記述は、いつから書かれたのだろう？　調査の結果、それほど遠い昔ではない昭和五十一年に刊行された「沼津史談　十九号」の巻頭特集「御成橋

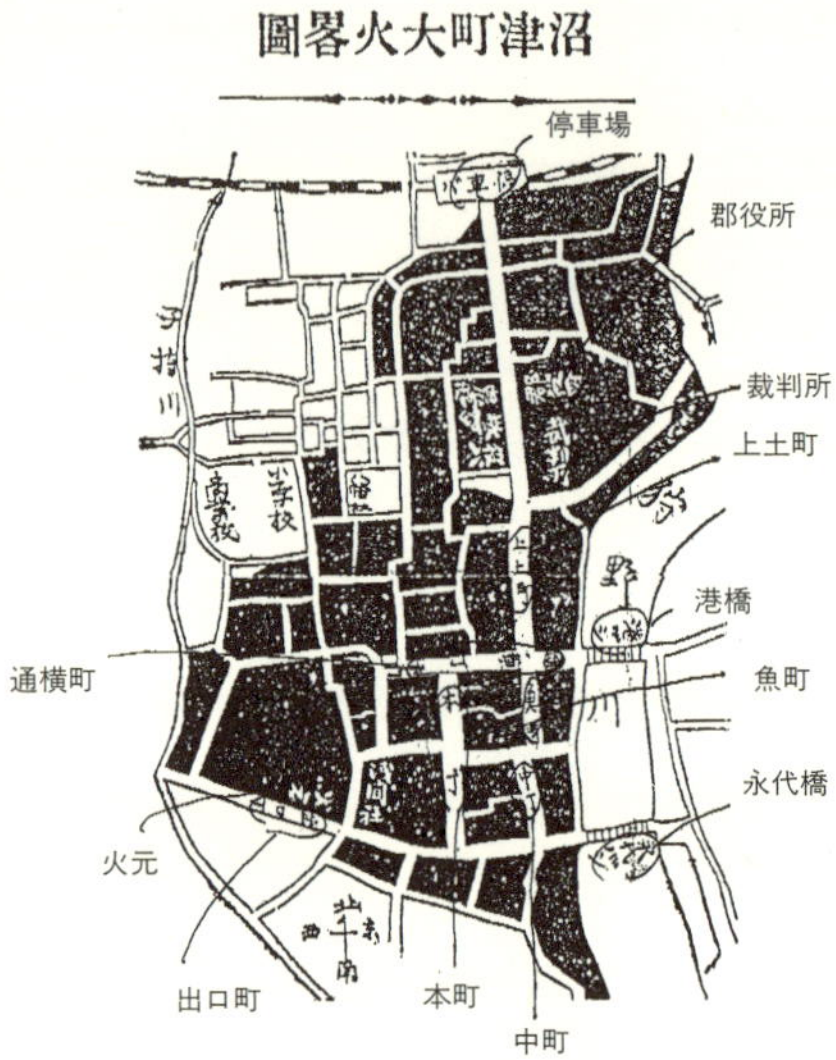

大正二年三月。静岡民友新聞の大火略図

のうつりかわり」の記述が初めてと思われる。著者は、明治四十年旧三島町生まれの故鈴川憲二氏。沼津市上土の現東急ホテルの建つ地区の一角にあった「大阪屋写真店」（戦前は薬店）の社長で、沼津史談会名誉会長も務められ、貴重な沼津の写真を多数収めた「沼津いまむかし」（郷土出版社　昭和六十二年）などの著書も遺されている。私も幼少時に、祖父が会長を務めたこともあった沼津ロータリー・クラブの家族旅行などで鈴川氏にお世話になった懐かしい思い出がある。

このグラフ特集は「市場の渡し」「港橋」、初代・二代の「御成橋」の貴重な写真を数枚紹介しているが「大正二年三月の沼津大火のため港橋は橋台を残して消失したため、三連アーチ型の鉄橋を架けた」と説明文に書かれている。

この「沼津史談」の記事以降、複数の書籍に「港橋は大正二年の沼津大火で消失、同年に改築・改称」と書かれているものが見られるようになった。昭和六十三年に駿河豆本の会から故奥田春二著「御成橋のつぶやき」が出版された。同人誌「沼声」に連載されたものを二代目御成橋竣工五十周年記念の機会にまとめたもので、御成橋が沼津弁で自らの生い立ちを語るというユニークな文体で書かれている。この豆本にも大正二年の大火による消失、改称と鈴川氏とほぼ同じ内容で記載されている。平成八年沼津市教育委員会刊行の「沼津市史研究　五」に記載されたS氏の論文「資料紹介　沼津港橋について」においても大正二年の沼津大火で消失と書かれているが、「御成橋」への改称が明治四十五年と書かれており、この改称の年を唱える初めての記述であった。

紅蓮《ぐれん》の炎に包まれて燃え落ちる木橋、そしてこの未曾有の災害を機に新たに鉄橋として架け替えられた御成橋。この記述は、自然に思えるし、ドラマティックな想像を掻き立てる。いつの間にか私の頭の中にも港橋がこの大火で消失したという事件が歴史の真実だとの思い込みが住み着いてしまった。それが大火の資料が出版されてから覆ってしまったのだ。

平成九年沼津市教育委員会発行「沼津市史　史料編　近代　一」には大正二年の沼津大火の当時の資料が多く掲載されており、かねてから興味がある事件のものなので、むさぼるように読んだ。大正二年三月の静岡民友新聞に掲載された、大火で焼け落ちた沼津町を慰問した記者の生々しい報告記事も収められており、八百六㌻「劫火の跡（三）」を読んだ私は愕然とした。「御成橋の中央から城内方面を見渡すと焼跡の惨況は」「橋を渡って八幡の森の避難者を訪問した」とあるが、焼け落ちた橋を渡ることは不可能であるし、橋の名も既に「御成橋」と記されているではないか！　私は橋の成立と改称について書かれた資料を再点検したが、やはり皆「大正二年」と記されており、新聞記事を裏付ける証拠も見つけられなかった。数年間は私の頭の中で、この記事と資料の食い違いの問題は未解決のまま くすぶっていた。

七　やって来た資料

学生時代から古本屋巡りが大好きで、東京では神保町、早稲田、高円寺などの古書街を授業をサボって徘徊したものだった。御茶ノ水の順天堂大学の学生時代、同付属病院研修医だったころにはほぼ毎日のように古書を探し回って徒歩数分のところにある神保町を訪れた。探していた古書を見つけた時の嬉しさは何と表現してよいか？　猫が煮干を前にして喉をゴロゴロ鳴らすような気分かなと思う。不思議なもので、本がこちらに見つけられるのを待っていたのだなと感じる運命の出合いも数多くあった。近年では便利なインターネットの古書取引が盛んで、昔ながらのよき古書店も徐々に少なくなってきたようで残念だ。店やデパートの古書展でコツコツと黴臭《かびくさ》い本を探す喜びはネットでは絶対に味わえない。私は沼津で開業してからも、当地では書店・古書店・CD店などの文化的店舗が少なく、大好きなオペラやクラシック音楽のコンサートもほとんどいい公演はこないので、東京都中央区佃を週末の住居として、毎週新しい情報と文化を求めて過ごしてきた。

H書店という古書店が沼津の町にある。沼津唯一のしっかりとした品揃えで、郷土史関係の古書も多く置いてあるので毎週この店には訪れていた。平成十九年九月末、小雨降る肌寒い土曜日の午後に店を訪れて主人に挨拶すると、「先生、こんなものが入ってきましたがいかがですか？」と店の奥から木の箱を取り出してきた。箱の蓋が開かれた時、私は驚きで心臓が止まりそうになった。それは「沼津市史研究　五」所載の論文で「豆州三嶋文庫」所蔵と書かれていた港橋創設時の和田伝太郎氏、原大平氏の直筆の書簡、橋の設計図、勘定帳を含む百三十年前からの貴重な古文書だったのだ。「こんなものも一緒に付いていますよ」とアルバムも見せてくれた。港橋と御成橋二代の絵葉書や写真が丁寧にスクラップされている。価格を尋ねると思った通り相当に高価である。しかし私の元にこの資料は来る運命だという直感が働いた。「こんなに貴重な資料は市立図書館か明治史料館に買い上げてもらった方がよいのでは？」との私の問いに「公的な機関の資料室に入ってしまうとそのままになってしまう場合が多くて残念ですからね。先生は御成橋の近くにお住まいだし、所有されるのにふさわしいと思いますよ」と店主は言った。金の工面も見当がつかないので即答はできなかったが、取り置きを店主に依頼して、秋雨に煙る御成橋を心を躍らせて渡り、市場町に戻った。早速我が家の大蔵大臣に伺いをたててみると、その価格に驚いた様子だったが、「本当に価値があるものだったらいいわよ、でも今は現金がないから待ってね。そう十月五日のあなたの誕生日のプレゼントにして、届けてもらいましょう」と嬉しい返事が返ってきた。

私の誕生日に、診療を終えて家に飛んで帰ると古文書の入った木箱、香貫公園に建つ「港橋創架碑」の拓本、そしてアルバムが私を出迎えた。夕食もそそくさと済ませて、興味深げに手を出したがる愛猫を遠ざけた後、資料とじっくり向き合った。木箱を開いた途端、開けてびっくり玉手箱。白煙の代わりに猛烈な防虫剤の臭気が鼻をついた。百三十年以上前の古文書は保存もよくて嬉しかったが、年代順にはなっていなくてバラバラの様子だ。「整理をしなければな」と思いつつ古文書を取りだしていくと箱の底には思わぬ宝物が隠れていた。「静岡県　御成橋改築工事概要　昭和十二年七月一日」と表紙に書かれてリボンで綴られた小冊子である。二代目御成橋の渡り初めの日付だ。ページをめくると、橋の工事中の写真、設計図面、そして工事の概要の記述といった内容であった。「明治四十五年七月工費四萬円ヲ以テ橋長八二米幅員五米ノ鉄橋ニ改築シ而シテ本橋ハ沼津御用邸ニ成ラセラルヽ御道筋ナルヲ以テ御成橋ト改称ス」（明治四十五年七月に、この橋は工費四万円で八十二メートル、幅五メートルの鉄橋に改築され、皇族方が沼津御用邸にお成りになる際の道筋なので「御成橋」と改称した）。この記述こそ私が長年求めていた御成橋の改築、改称の正しい年を裏付ける証拠であった。大正二年の三月の沼津大火の前に鉄橋の初代御成橋はやはり完成していたのだ。年表を調べると明治四十五年の七月三十日に明治天皇は崩御され、その日から元号は大正と改められたのだった。大正二年三月まではわずか八カ月、この間に何があったのだろうか？　発見の嬉しさと新たに湧いた疑問に興奮して、その晩はよく眠れなかった。

八　新聞報道

　百年近く公的資料に誤って紹介され続けてきた初代御成橋の竣工・改称年の問題が、手に入れた資料から正しく判明した。この事実は、一人でそっと隠している訳にはいかない、沼津のランドマーク的なこの名橋に関心を持つ人々にぜひ知ってもらいたい、そして現在刊行中の「沼津市史」はまだ通史編の近代・現代が発行されていないので、ぜひ編纂にこの新事実を役立ててもらいたいと興奮の一夜が明けてから、私は強く感じた。そうだ、一刻も早くこの発見を新聞社に連絡してみようと思い立ち、経緯と趣旨をワープロで打って、静岡新聞東部総局にファックスで送った。月曜の祭日の朝のことであった。

　ファックスを送信した後、インターネットで「沼津・御成橋」を検索していると、昭和十二年三月に発行された「土木建築画報」という専門雑誌の十三巻三号に、静岡県土木道路課が「御成橋架設工事」という記事を掲載しており、ネットで閲覧できることを見つけ、早速チェックをした。内容は「御成橋改築工事概要」のベースになったと思われる二代目御成橋の改築の概要を工事の写真や設計図と共に記したものだったが、最初のページの「沿革」にも初代御成橋は明治四十五年七月に架設した三径間のカメルバック・トラス橋との記載がされている。どうやら二代目御成橋を架橋した静岡県の土木課は先代の橋の素性をしっかり把握していた様子だ。だが、現在の静岡県土木部の「静岡県歴史的土木遺産データ・ベース」なるインターネットのページには「大正十二年、鉄橋に架け替えられて『御成橋』と改めた」ととんでもない誤りが記載されている。

朝の十時ごろ静岡新聞社東部総局の記者M氏から電話があった。静岡新聞東部総局は御成橋の西南にサンフロントという大きなビルを静岡放送などと共に構えていて、市場町の自宅から橋を挟んで歩いて数分の距離にオフィスがあるのだ。早速取材したいとの申し出を快諾し、資料を用意して待機していた。しばらくしてから小雨の中をM氏が訪れた。さすがに新聞記者らしく、ポイントをしっかりと捉えた質問をして取材がテキパキと進んだ。「港橋」から「御成橋」への改称年はいつかという問題は別にした方が記事として明確だろうとのM氏の意見に従って、先代御成橋の改築時期に的を絞ることになった。私は改称問題についても注目してほしいと思ったが、後日「開通日」と「改称日」が異なる事実を発見してしまったので、結果としてはよかったのだ。小一時間ほどで取材は終わり、資料の撮影もして、掲載するのにふさわしい初代御成橋の写真をスキャンしたいとの申し出を快諾して貸し出し、

M氏は帰っていった。その週は何度かM氏から電話で質問を受けた。「初代御成橋の改築工事が始まったのが明治四十五年で、完成したのが大正二年という可能性はないでしょうか？」という問いには、「鉄橋工事がわずか八カ月余りで完了することはないでしょう。大火の二年三月三日にはもう橋はできていたのですから」と答えた。だが確かに「御成橋改築工事概要」には明治四十五年七月に「改築」と書かれているが「竣工」とは書かれていない。

私にも一抹の不安があった。明治四十五年七月と記した資料は二つ共二代目御成橋が竣工した昭和十二年発行の資料なのだ。一方「大正二年三月」と初めて記したのは、その大正二年前後に書かれたと推定される「駿東郡沼津町誌」で二十五年も古い資料なのだ。そうだ！当時の新聞を調べれば正確な事実が記事で確認できるかもしれない。早速沼津市市立図書館に行って明治から大正時代の地方新聞があるか問い合わせたが、第二次大戦後のものからしか所蔵していないという返事がきた。インターネットで調べてみると静岡市の静岡県立図書館の付属施設「歴史文化情報センター」に当時の静岡民友新聞が所蔵され閲覧可能であると判明したので、早速次の休診日に訪れることに決めた。日曜は休館なのである。

その週の土曜日十月十三日の静岡新聞朝刊、東部欄に「先代『御成橋』の改築時期　通説一年前の資料発見　沼津の仙石さん」の見出しで記事が掲載された。写真は初代御成橋の絵葉書が使われ、記事の内容と橋の歴史に関しての注釈も正確でしっかりしたものだったので満足した。

九　突き止められた真実

静岡新聞に記事が掲載された二日後の月曜は久しぶりに気持ちよいさわやかな秋晴れの日となった。私は沼津駅から東海道線の下り列車に乗って静岡に向かった。車窓の秋景色に小一時間ほど目を向けて疲れた心を癒しているうちに静岡駅に列車は滑り込んだ。駅からその名も「御成り通り」を秋風に吹かれ真っ直ぐ進み、古きよきたたずまいを残す葵区役所を過ぎ、県庁を右手に眺めてしばらく歩むと「歴史文化情報センター」の入っている近代的なビルに到着した。エレベーターで七階に向かうと、そこは典型的な役所の分室が幾つか入ったフロアだった。お目当てのセンターは小さな図書室となっていて受付には人の気配がなかった。「ごめん下さい」と声を奥に向けると、鼻炎気味の女性職員が出てきて感じよく応対してくれた。

「静岡民友新聞」は月ごとにまとめられて分冊となっていたので、まず明治四十五年の七月の分を出してきてもらい、記事のチェックを始めた。「沼津港橋工事順調」の記事をしばらくしてから見つけた。さあ、開通したのは何日かなと、日を追って新聞をめくっていくと記事は明治天皇の病状の悪化を報道する内容が次第に目立ってきた。そして天皇が崩御された七月三十日当日（崩御報道の紙面は翌日）の紙面に「沼津港橋開通す」の記事が現れた！「沼津港橋開通す（開橋式は一時延期せり）沼津御用邸の通路に当たれる狩野川橋元港橋架橋工事は度々報道の通り去る廿五日までに既に二回の重量試験をなし目下装飾工事中なるが該開橋式は、聖上陛下御不例のため延期をしとりあえず廿八日より一般の交通をせしめ居れり」との内容だった。七月中に竣工し開橋式を行うはずであった新しい橋は、七月二十五日までに最終チェックとなる加重試験（橋が通行の重みに耐えられるかのテスト）も二回終了してスタンバイの状態だったのだが、明治天皇の病状悪化（御不例とはご病状が重篤との意味）のため、予定していた開橋式を延期したけれど、一般交通の通行を早く開始せざるを得なかったので二十八日にとりあえず開通させたのであった。その開通日の二日後に明治時代は終わりを告げて、元号は大正に改まった。何という悲運な改築のタイミングであったのだろう！

続いて大正元年となった四日目の八月三日の新聞記事に「御成橋と命名」との見出しの小さな記事があった。「沼津御用邸の通路に当たれる狩野川元港橋工事はたびたび報道の如くなるが一昨一日を以て御成橋と命名し両端の高欄に扁額を掲げたり」。延期すると報道され

「おなりはし」と書かれた看板が見える初代御成橋（当時の絵葉書）

た新しい橋の開橋式は、明治天皇の崩御によって、中止となってしまったのだ。当時の天皇崩御に対しての国民の哀悼の意は大変強く、大喪のいかに厳粛であったかということは紙面からも十分うかがわれる。日本国民は一年間全員が喪章を付けて外出しなければならないとの記事が、和服の場合と洋服の場合の喪章の型まできちんと図入りで同紙面に掲載されている。当然一年間の喪の期間は、華々しい式や娯楽はすべて御法度であった。高欄の扁額とは両端の橋のブリッジに高く取り付けられた「おなりはし」と書かれたネーム・プレートのことで、幸いにもそれがはっきり写された当時の写真も見つかった。

新しい橋は元号改変の二日前に開通し、「元港橋」という名前のない状態は四日間続き、ひっそりと翌八月一日に用意されていた「御成橋」の名札が掲げられたのだ。名前の由来も皇族方が御用邸に御成りになるから「御成橋」とめでたく名付けられていたのに何とも皮肉な運命だったなと感じる。

県庁で新聞をコピーさせてもらい、東海道線上りで沼津に帰る時の私の心は、見つけた資料の記述がほぼ（命名の日は違った）事実だった喜びと不運なタイミングで誕生した初代御成橋への哀しみが入り交じっていた。本来なら、静岡県東部初の鉄橋、御用邸への華々しい通路の橋として、皇族や地元の名士も多数参加して華々しくネーム・プレートが掲げられる開橋式が行われるはずだったのだろう。そしてなぜ、架橋直後から橋の完成した年月日が間違って書かれてしまったかも推測できた。

明治時代の終焉、崩御の悲しみの陰でひっそり掲げられた名札と小さな報道。翌年三月の沼津大火の衝撃で、そのころに資料を作成した人物は頭が混乱して大正二年三月に改築と記載してしまった。そして以降の公的資料においても編纂者は誤りに気付かずに初回の引用を延々と続けてしまったのに相違ない。もしも華々しい式で御用邸に向かう道の駿東郡初の鉄橋御成橋が幕開けしたのなら、当時から誰かが間違いに気付いたはずだろう。「港橋は大火で消失した」との誤りは鈴川氏の勘違いであったと思われる。三島生まれの同氏は、大正二年にはまだ五歳で三島町で幼年時代を送っていたので沼津大火の実体験はしていない。業火に燃え落ちる木橋の模様をいつか自分の頭の中で想像して、歴史的事実と勘違いして「沼津史談」に誤記してしまったのだろう。沼津に帰って我が家に向かう際に御成橋を渡りながら、「君のお父さんの生まれた状況がすべて分かったんだよ、よかったね！」とこっそりと二代目に囁《ささや》いた。

十　発見だったのか？

静岡新聞に「資料発見」の記事が掲載された後、私は患者さんや近所の人々、御成橋周辺の店の人々などから「新聞を読みましたよ」とよく声を掛けられた。H書店を当日午後に訪れたところ、店主に、資料を私の前に所有していた方から電話があり「御成橋の改築の年についての誤りは、資料を持っていても気付かなかった。分かってもらえる人の手に渡ってよかった」と話されたと聞いてとても喜ばしく感じた。静岡の歴史文化情報センターで当時の新聞記事を検証して、二代目御成橋の改築、改称の正確な年月日が確認できたことも、当日静岡新聞記者のM氏に伝えて、新聞のコピーも渡した。

さて、私は百年近く前の公的文書の誤った記述がなぜ発生し、その後訂正もされずに延々と続いてしまったのだろうかを、自分なりに解釈し、不運な誕生を迎えた初代御成橋の生い立ち、明治時代の港橋の歴史、七十年も沼津のランドマークとして親しまれている現在の御成橋の物語とをまとめて一冊の書物にしたいと思い立った。

四年後の二〇一二年には御成橋となってから百年を迎えるのだ。たかが一地方都市の橋のこと、気にとめる市民も多くないだろう。しかし戦前の建造物で沼津市内唯一立派に使われている美しい名橋なのだ。百周年を前にして、市民に橋に注目をして祝ってもらうために何か行動を取らなければと思いは募った。おまけにその年の夏祭り初日は初代御成橋開通日なのだ。

膨大な資料をコピーしたり、運んだりして診療所に持ち込み、毎朝ワープロで原稿を打つ日々が始まった。私はかなりの早起きで、五時半前には起床して、六時二十分ころに市場町を愛車で出発し、御成橋を渡って原の診療所に向かう。六時半過ぎから診療開始の九時までの時間は原稿作成に十分活用できる。文を書くことは以前から得意で、今までも宮澤賢治の研究論文を何作か雑誌に発表し、二作は市販されている文語詩の論文集にも収載されている。友人の紹介で大手出版社発行の雑誌でオペラの特集記事のコラムを担当して、原稿料をもらった経験もあるし、六年ほど前には日本とイタリアの自動車雑誌にルポを書いたこともある。

苦労しながらも、順調に原稿を書き溜めてきたある日、太平洋戦争末期の金属不足で軍に高欄や橋灯を接取された年に関しての資料がないかなと、平成十三年発行の「沼津市史　史料編　近代二」の膨大なページをめくっていた。あるページを見て私の目が点になった。何と昭和十二年「御成橋改築工事概要」の記述文がそのまま史料として掲載されていたのだ。

出典は、私の資料を以前所有していた「豆州伊豆三嶋文庫」となっており、括弧《かっこ》してある人名はS氏、「沼津市史研究　五」で「資料紹介　沼津港橋について」の執筆者で、当時は沼津市史編纂の協力もしていたのだ。どうやら私の資料一式はS氏が所有していて、「三嶋文庫」も個人的に収集した史料に違いない。

静岡新聞記事には「資料発見」と紹介されてしまったが、既に前の所有者は史料として公的刊行物に提供していたわけだ。「沼津市史研究」でもS氏は、初代御成橋の竣工を大正二年と記しているし、古書店への電話の内容からもS氏はこの問題については気付いていなかったのだろう。新聞社に「発見」と連絡したのはやや勇み足ではなかったかと反省したが、結局S氏も関係者も「工事概要」の初代御成橋の竣工年月には気をとめなかったようなので、私の元に資料がきて気付かれたのはよかったかなと思い直した。「工事概要」も改称の年月日は正しく伝えていないのだ。遠回りをしても、確かな当時の新聞記事で事実確認することが正しい解決となったのだからそれほど「発見」という言葉にこだわらなくてもよいかなと考えると気が楽になってきた。

十一　もしも、沼津御用邸が造営されなかったら

歴史に「もしも」は付き物である。「クレオパトラの鼻がもう少し低かったら、世界の歴史は変わっていただろう」の名言はよく知られているが、すべての歴史には「もしも」の瞬間があって、時の流れを変えることは不可能なので後世の我々はそれを未来への教訓とするのだ。

今回、港橋・御成橋の歴史を徹底的に調べて、浮き上がったコア（核）は皇室である。初代御成橋の竣工、改名問題が間違えて伝えられてしまったのも、ちょうどその時期に明治天皇が崩御されたために開通式が中止になってしまったからである。そして、最もこの橋の歴史に影響を及ぼしたのは「沼津御用邸」の造営に他ならない。もしも沼津御用邸造営がされなかったら、橋の名は「港橋」のままであっただろう。静岡県東部初の鉄橋になったのはずっと後になってからだったかもしれない。今の二代目御成橋も隅田川の「永代橋」と同形式の豪華な造りの名橋にはならなかっただろう。

今の若い人々に「御用邸」といっても何か分からないかもしれない。御用邸とは皇族方が

保養・静養のために使用する別荘である。現在の皇室で使用している御用邸は那須（開設大正十五年）、葉山（開設明治二十七年）そして須崎（開設昭和四十六年）の三カ所であるが、以前は沼津や箱根など多くの地に存在した。

沼津御用邸は明治二十六年に、楊原村島郷《とうごう》に、皇太子（後の大正天皇）御静養を目的に造営された。当時は富士山を望む波穏やかな駿河湾の地は、保養地として注目されて、海軍大臣の川村純義、陸軍大臣の大山巌、西郷従道など明治政府の高官が別荘を建てており、彼らの存在が沼津御用邸造営に大きな影響を与えたらしい。明治二十二年に東海道線沼津停車場が開設して、東京からの交通の便がよくなったことも一因であった。松林の彼方に駿河湾が開け、学習院の遊泳場も隣接して設けられた。周りは一面に桃の木が植えられて春には美しく咲き、島郷は桃郷と書かれることもあった。話はそれるが、明治・大正はこの地で収穫された桃の缶詰や桃羊羹が名物であったそうだ。沼津・三島駅の駅弁業者「桃中軒」はこの桃畑の中で御茶屋を営業していたのが始まりといわれている。名浪曲師「桃中軒雲右衛門」は桃中軒の弁当をいただき感激して芸名にしたというエピソードも残っている。幼少に父とドライブで訪れたころはまだわずかに桃の畑が残っていたが、今は見る影もない。皇太子も昭憲皇太后（明治天皇妃）もこの御用邸の庭園と浜辺をこよなく愛したと伝えられている。

港橋を渡って御用邸に向かう韓国の皇太子を乗せた馬車（当時の絵葉書）

「日本近代医学の父」と讃えられるドイツ人医師ベルツ博士もたびたび御用邸を訪れたことを日記に残している。

沼津停車場に御用列車で到着された皇族は馬車に乗り換えて、沼津の町を通過して必ず港橋を渡って御用邸に向かうのが道筋であった。明治二十三年に木造三連アーチ状に建て替えられ、美しい文様の高欄が取り付けられたのも、皇族方の渡る橋になる予定だったからに違いない。明治二十八年に橋脚が煉瓦製に造り替えられたのも、万が一の事故（水害、地震はもちろん、橋は爆弾テロなどで狙われる危険性もあった）に備えてだろう。当時は皇族が乗車された御用馬車の撮影すら禁止されていたが、支配下にあった韓国の皇太子が馬車で港橋を通過される場面を撮影した珍しい絵葉書が残されている。同三十二年に公営の橋となってからは、さらに頑丈で立派な鉄橋に改築して、名称を「御成橋（皇族方の御成りになる橋）」と改称する計画が進められていたと推測される。

明治、大正、昭和と代は替わり、歴代の皇族方に愛された「沼津御用邸」も昭和四十五年に「御用邸」としての歴史に幕を閉じて、沼津市は「御用邸記念公園」として管理保存することになった。後に歴史民俗資料館も併設され、美しい庭園と建造物は市民や観光客に親しまれている。

個々の人生にも「もしも」は付き物だ。日本人はあの時「もしも」と、自分の過去を悔やむ傾向にある。「もしも医者にならなかったら」と医学の道に進みたくなかった私はうじうじと後悔したことが幾度もあった。人生五十年を過ぎて、二十数回イタリアを訪れたおかげでネガティヴな「もしも」とはやっと訣別できたような気がする。イタリアである日近郊の湖の観光地に向かう前に、ホテル従業員に天気の予報を聞いた。「きっと晴れるよ、気持ちよいよ」と聞いて着いた先は雨。帰ってから彼に「雨だったよ」と言うと「よかったね、ラッキーだ」と答える。訝しげな顔付きの私に「湖は雨が降っている情景が一番ロマンティックなのさ。それにまた今度晴れた日に行ける楽しみができたではないか！」と言った。そう、「もしも」で悔やんでも人生はどうにもならない、明るく自分と人々のために歩みを続けなければ。今朝もまたイタリアの赤いスポーツ・カーに乗り込んで御成橋を渡って診療所に向かう私である。

十二　絵葉書が語るもの

港橋の古文書と共に私の元にきたアルバムには、何枚もの港橋と二代の御成橋の写真が収められている。多くは当時の絵葉書であり、セピア色や人工着色を施した風情あふれる写真は、私の心に語りかけるように様々なことを教えてくれた。

明治前期初の港橋の写真は二枚ある。西岸から市場町方面を向いて撮影されたもの（23ページ参照）は正面に市場八幡神社の森が鬱蒼《うつそう》と茂り、右手には香貫山を望む。橋の岸に接した下部には石垣が積み上げられて、時代劇の舞台のような古めかしさを醸し出している。上土方面を望む写真は西岸沿いの倉庫、蔵、料亭が橋の向こうに確認できて、往時の街の繁栄がしのばれる。橋脚の形は何回も流されたためかやや異なるが、橋全体の形は小倉国吉の設計絵図とほぼ一致しており、明治九年の初架橋から、同二十三年の木造三連アーチ形をした橋に改築されるまでの間に撮影されたものであろう。

木造三連アーチ形になってからの港橋の写真は絵葉書として数多くが残されている。明治二十二年に東海道線沼津停車場が開業、同二十六年楊原村島郷に沼津御用邸が開設され、避

明治23年改築の港橋。橋脚が煉瓦積みになる前（当時の絵葉書）

暑地や結核の保養地として東京から注目される観光地となってきた。有名な鉄道唱歌（明治三十三年、大和田建樹作詞）には「沼津の海に聞こえたる、里は牛臥《うしぶせ》・我入道《がにゅうどう》、春は花咲く桃のころ、夏は涼しき海のそば」と風光明媚な地として唄われており、このころには沼津の観光ガイドや絵葉書がいくつか出版された。

　二代目港橋の外観は木造三連アーチといえるが、実は構造上はトラス（三角形の構造を組み合わせて補強構造を作ること）橋で、アーチ橋とは呼べない。この橋は驚くほど初代鉄骨御成橋と似た形をしている。よく二代目の御成橋に初代御成橋のアーチの形状が受け継がれていると書かれるが（今回の静岡新聞

明治28年に煉瓦積み橋脚となった港橋（当時の絵葉書）

市場町側北の橋詰めで野菜を行商する女性達（当時の絵葉書）

の発見記事付随のコラムにもそう書かれている）、それは単にアーチ状に見えるだけで、三連か、単一アーチかが異なるし、構造上も全く違うのだ（初代は鉄骨トラス、二代目は鋼板アーチ）。二代目の港橋最初期の絵葉書は市場側南西岸から上土方面を望んで撮影されたものであり、この一枚だけは橋脚の形が他の写真と異なっているのに気付いた。橋脚は真中のアーチを除く両岸寄りの各アーチの中央部に単脚で設置されている。しかし、その他の絵葉書では、橋脚は左右と中央のアーチの接合部下部に設置されていて、逆U字型の煉瓦を積み上げた頑丈そうな構造となっている。そうだ、これが有名な「煉瓦積み橋脚」にほかならない。昭和三十六年「沼津市誌」にて大正二年三月に煉瓦で橋台を積み上げて鉄橋を架け「御成橋」と改称したとの記述は全く誤っていたのだ。それ以前の「駿東郡沼津町誌」で「且御用邸の桃郷に開かるゝや、官道となりしを以って、煉瓦を以って積み立てれば墜落の憂いなし」の記述こそが正確だったのだ。御用邸が開設され、皇族方や海外の賓客が橋を通過した際に万が一の事故が起きないように橋脚を頑丈に煉瓦で造り替えたのだろう。それは明治何年のことだったのか？「沼津市史研究　五」では明治二十三年に橋台を煉瓦積みして三連木造アーチ橋の工事を竣工したと書かれているが、単脚で煉瓦製でない絵葉書が現存するので同時に工事したことはないと断言できる。アルバムを検証するうちに見つけたもう一枚の絵葉書が解決の糸口になった。市場方面より正面から橋を撮影した写真の右手の親柱（高欄両端にある柱で、橋名や竣工年月日が刻まれることが多い）には「みなとはし」の文字が、左手には建立年月日が刻まれている。ルーペで調べると「明治二十八年二月建立」と読み取れた。この年は正しく沼津―静浦間の道路が改良工事を受けて「第三類」の公道に指定されたと「楊原村沿革誌」に記されている年であり、「官道となりしを以って」という「駿東郡沼津町誌」の記述と一致する。明治二十八年こそ、煉瓦で橋脚が改築された年であろう。

明治四十五年七月に竣工、大正元年八月一日に「御成橋」と改称された初代御成橋も多くの絵葉書にその雄姿を残している。橋の構造名は「カメルバック・トラス橋」である。先ほど鉄骨アーチの形が二代目港橋とそっくりと書いたが、右左のアーチ上部を鉄骨でつないで構造補強を図っていることと、木か鉄かという素材以外は見間違えるほど似ている。そして、橋脚も煉瓦積みのものを流用しており、美しい透かし模様の高欄（歩行者を保護する手すり）も港橋のものをそのまま使っている「ハイブリッド」橋だったのだ。駿東郡初の鉄橋を御用邸にふさわしく急いで架橋する必要から旧橋の一部を折衷したのではないだろうか？

私が一番好きな絵葉書は、橋全体が写っていないので、二代目港橋と初代御成橋のどちらかは分からないのだが、市場町側北の橋詰めで、天秤と竹籠にカブや大根を入れて野菜の行商に来た三人の農家の女性が腰を下ろして、一人の女性を相手に商いをしている光景を撮影したものだ。カラー写真がまだない時代で、人工的に後から色付けされた写真だが、橋の高欄の美しい透かし文様がくっきり見えて、西岸に並ぶ蔵や家々の彼方に白い富士山がうっすらとそびえている情緒あふれる冬景色が、見る者の心を揺さぶる。

十三　「夏草冬濤」の御成橋

傑作「しろばんば」の続編といえる、井上靖（明治四十年生まれ、平成三年没）の半自伝的小説「夏草冬濤」は昭和三十九年から翌年にかけて産経新聞に連載された。靖の父は軍医という職業だったので、家族は住まいを転々とした。北海道旭川に生まれ、伊豆の湯ヶ島で幼少年時代を過ごし、県立浜松中学校に入学したが、父が台湾赴任の予定となり、三島町の親戚を頼って一家で引っ越し、大正十一年より県立沼津中学校二学年に転校、三年間を三島から通学した。その沼津中学校時代を描いたのがこの小説である。

当時は東海道線沼津停車場前より三島町田町駅（現三島市田町）まで、「ちんちん電車」と呼ばれて親しまれた伊豆箱根鉄道の路面電車が運行されていた（明治三十九年開業、昭和三十八年廃止）。三島町（最初は家族と共に知り合いの借家住まいで、四学年からは一人で伯母の間宮家に寄宿）から県立沼津中学校があった楊原村上香貫（現沼津市御幸町、沼津市文化センターの位置）までは五㌔ほどの距離で、三島在住の生徒は電車や自転車で通学する者が多かった。小説中の洪作は徒歩で通学したと書かれているが、実際の靖は主に電車で通

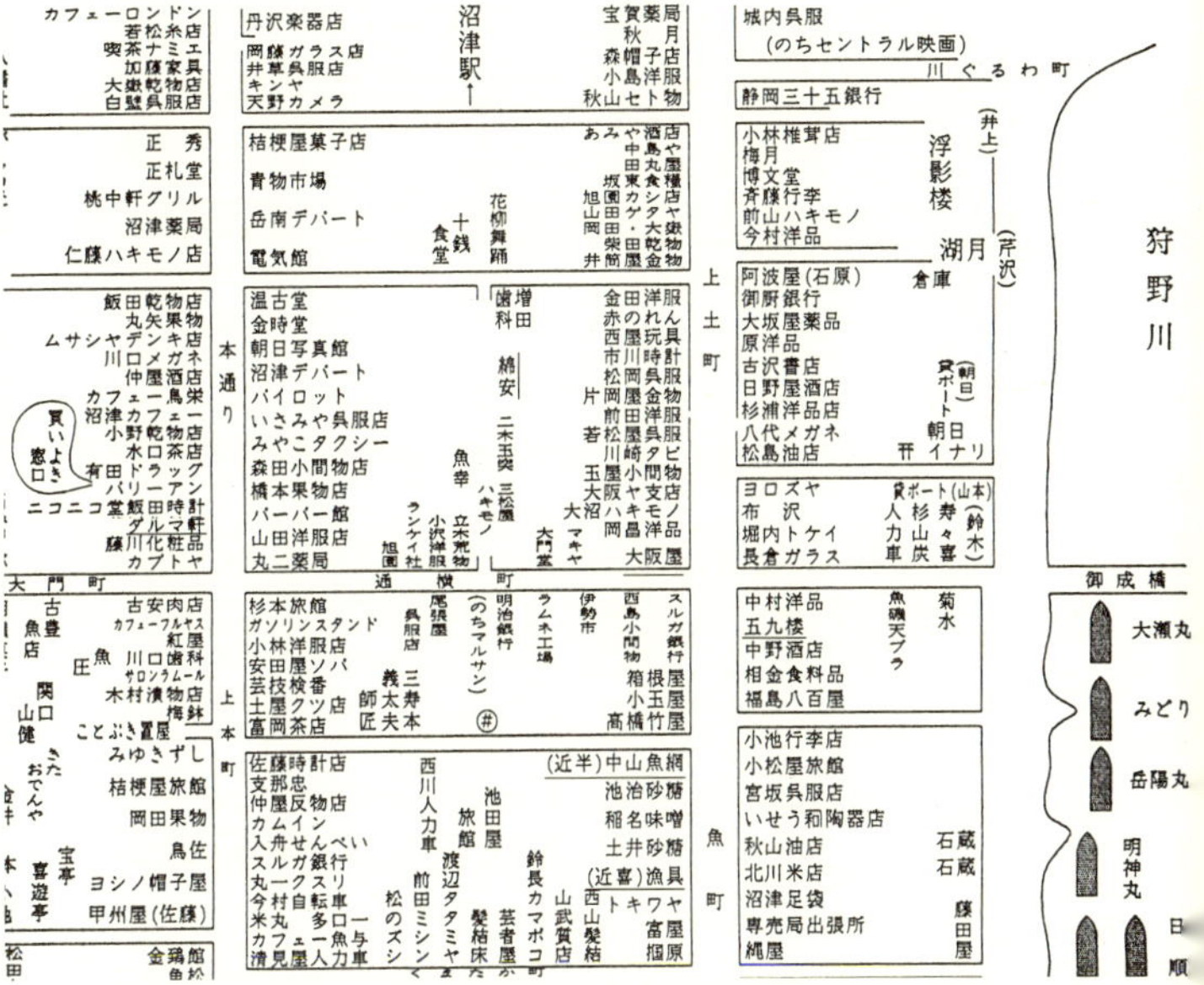

大正後期～昭和初期の沼津商店街（川口和子著『沼津の町並みの移り変わり』）※図のアンダーラインは、文中に登場する店

学したらしい。三島からの通学は五学年より成績不振などの事情で沼津下河原町の妙覚寺（作品中では妙高寺）に預けられるまでの約三年間続いた。通学時は、沼津駅より前の停留所で電車を降りて、徒歩で上流の黒瀬橋を渡って香貫に向かうので、御成橋を通ることはなかった。

小説では四章になってから初めて、美しい御成橋と狩野川の描写が出てくる。本書の「まえがき」で引用した一節は、御成橋の南西橋詰先にあるサンフロント・ビル前の石碑にも刻まれている。香貫の沼津中学から盛り場の沼津町や水練場のあった千本浜に向かう時は必ずこの初代御成橋を仲間たちと渡った。鉄橋ではあったが橋の幅はわずか五メートルで歩道もなく、現在の二代目が歩道を左右に各二メートル、中央に九メートルの車道、その他を加えて計十五・六メートルの幅なのと比較して、いかに狭かったかが分かるだろう。狩野川も昭和の拡張工事前で、橋長も八十二メートルと、二代目の百三十メートルとは比べものにならないほど短かった。作品に登場する初代御成橋を現在の橋からしのぶのは難しいが、残されたセピア色の絵葉書を眺めて目を閉じると、橋を行き来した洪作と友人たち、人目を惹いた美少女たちの青春群像が心に浮かび上がってくるような気がする。

小説の主人公洪作はもちろん、作者井上靖の分身である。洪作と友人たちの心に淡い異性への憧れの火をともした「かみき」の蘭子も、御成橋近くに実在のモデルが住んでいた。作品中では「呉服問屋」となっているが、実際は魚網などの漁猟具を扱う「近江屋半兵衛商店」（屋号は近半）と分家の近喜《きんき》が「かみき」の店のモデルであった。蘭子のモデルとなった女性は、靖の祖母の叔母の長男の長女、中山須磨である。靖より二歳年上で県立沼津高等女学校（現県立沼津西高校）に学び、目鼻立ち整った美少女として沼津の青少年たちのマドンナ的存在であったらしい。だが、彼女は二歳年上の県立沼津商業学校生との交際を両親に反対された。当時は未成年の自由な恋愛は当然御法度、名家の中山家は猛反対した。相手の男性は卒業後、横浜貿易商業学校に進学したが、若き二人は恋の逃避行の末、大正十四年九月に兵庫県で鉄道線路上に身を置いて轢死心中を遂げてしまった。須磨は享年十五歳であった。この事件は全国にも喧伝《けんでん》されて中学五年の靖には衝撃的な事件だった。遠い親戚で淡い恋心を彼女に抱いていた靖は間接的に他の作品では触れたが、あえて自伝風の作品からは遠ざけていた。サンフロント・ビルの交差点対面南西角に大きなスルガ銀行本店の建物があるが、その南駐車場辺りに「かみき」のモデルとなった商店が昭和四十年代まで営業していた。

スルガ銀行本店の交差点北西には、エステ・サロンや内科診療所が入っている「マキヤ・グループ」ビルが建っている。ここはかつて「大坂屋本店」という大きな紙と文房具を扱う問屋が繁盛していて、この店の息子故藤井壽雄が洪作を文学の道に誘い、煙草の味を教えた親友「藤尾」のモデルであった。藤井は成人して自社の社長となってからも「沼津の遊びの豪傑」と呼ばれた奔放な人物であったようだ。靖は沼津中学卒業後、四高（現京都大学）に進学するまでの間を「大坂屋本店」に居候させてもらったほどの仲であった。藤尾が洪作らを誘ってラーメンを食べに行く場面も忘れがたい。このラーメン店のモデルは「だるま軒」という中華料理店で、サンフロントの上土交差点をひとつ西に進み、当時のメイン・ストリート「本通り」との交差点を右折してすぐ左側の「大門町《だいもんちょう》」にあった。ラーメンは明治の末期から東京・横浜で人気を博してから全国にはやり、大正時代には沼津にもラーメンをだす中華料理屋が数軒あった。靖らは「だるま軒」のラーメンはメンマの味が特においしいと気に入って常連となり、店は親友たちのたまり場となっていた。靖らは「ノコ会」という文学同好会を結成したが、「ノコ」とはこの店の中華筍に由来していたとの話もある。「だるま軒」は昭和初期まで開いていた。

作品中「金枝」という名で登場する親友のモデルは故金井廣といい、現在でも沼津で盛業している明治時代創業の老舗寝具店「綿安」（現在は沼津西武デパート新館東隣で「わたやす」の名で営業）の息子であった。金井は、当時は上土交差点と大門交差点の間を北に入った六軒町の店兼自宅から通学していた。金井は御用邸に向かわれる大正皇后を沼津駅で奉迎した際に大あくびをしてとがめられ、あわや退学処分になるところだった藤井を弁護して救ったこともある秀才であった。金井は後年医師となり、富士市で近年まで耳鼻咽喉科医院を開業していた。彼も靖とラーメンをよく食した思い出や詩を残している。御成橋袂のバラック店でシュウマイとラーメンをよく食べたと書かれているが、その店とはサンフロントの位置にあった「五九楼」で、私の学生時代まで営業していた。

井上靖と友人たちの青春を見守った初代御成橋、橋の上を渡った若者たちと街に学舎……沼津にも上空から燦燦と照らす太陽に負けずにすべてが生き生きと輝いていた時代があった。それを現在の沼津の皆様に知っていただきたい。

十四　ベル・エポックの橋

明治天皇崩御の影に隠れひっそりと開通し改称された初代御成橋はどんな一生を送ったのであろうか？　橋は誕生してからわずか七カ月少々で大正二年三月三日の「沼津大火」に遭遇した。鉄橋に改築されていたことが幸いして、燃え落ちることもなく、西側沼津町から多くの避難民が橋を渡って楊原村に避難して市場八幡の境内で夜を明かしたのは、先に書いた当時の「静岡民友新聞」の報道にある通りで、もしも改築以前の木橋であったら逃げ遅れた犠牲者も多く出たかもしれない。これは生まれて間もなくの初代御成橋の大手柄ともいえるだろう。だから消失した後に改築したという不名誉な記録は改めていただきたい。

大惨事であった沼津大火の復興は国や自治体からの義捐金も多く寄せられて意外と順調であったらしい。大正五年には繭市場が現在の市立図書館の位置に開場し、紡績工場も複数進出し、沼津は工業も盛んな地になってきた。同七年に日本は第一次世界大戦の戦勝国となり、提灯行列が賑やかに御成橋を渡った。一方大正デモクラシーの気運は沼津にも及び、米騒動も波及し、工場ではストライキも多発した。

初代御成橋。右上は市場八幡の森（当時の絵葉書）

文化において沼津は華やかなりし時代を迎えていた。明治末期には、沼津歌人会の招聘《しょうへい》で伊藤左千夫が何度かこの地を訪れている。そして大きなでき事が起こった。若くして歌壇の花形となった若山牧水が大正九年に楊原村に移住してきたのだ。天才歌人が住民になったことに触発されて文学同人誌が発刊されたり、北原白秋などの著名な文人も訪れることが多くなった。千本浜や牛臥の海岸にも、明治後期から西園寺公望ら政治家、軍人、実業家の別荘が競って建てられ、旅館も多く開業した。秀峰富士を望む千本松原と共に明媚《めいび》な風光の狩野川周辺の料亭も情緒を解する文人や中央の著名人たちに愛された。現在の「瀬尾記念病院」は、明治後期から昭和初期にかけては「浮影楼」という名料亭で、牧水や北原白秋が南隣りの「湖月」や御成橋の沼津町側南の袂にあった「菊水」といった料亭と共に足繁く通ったといわれている。

これらの料亭から眺めた御成橋の写真も残されていて往時のよき雰囲気を伝えてくれる。牧水らの主催による短歌大会もたびたび料亭で催された。御成橋周辺に広がる狩野川の水面には夜ごとに座敷の灯火が反射して、川風に乗って三味線や小唄の音がさざめき鳴り渡っていた。菊水の対面には鰻の老舗「寿々喜」（第二次大戦で爆撃を受け破壊、戦後は菊水のあった位置、南側に移転した）が名を馳せ、市場町側の橋北の袂には、アイスクリーム、ソーダ水に洋酒までも供する西洋料理店「開運亭」が明治末期から店を開いていたそうだ。通横町、上本町、下本町、町方町などにも西洋料理店やカフェが繁盛して、商店や病院なども競って洋館を建て、まさに大正ベル・エポックともいえるよき時代の沼津であった。昭和初期まで、魚市場は永代橋付近にあり、御成橋までの西岸は船着場になっていて、魚町や仲町といった岸沿いの町には問屋の倉庫や蔵が軒を連ねていた。「竜宮丸」という名の海底が船内から眺められる観光屋形船（73ページ参照）もこの船着場から発着していたのには驚かされる。

井上靖が旧制沼津中学に転校し、悪友たちと何度も往復し、はるか上流に懐かしい幼年期への想いを馳せたのは初代御成橋だった。不運な誕生を迎えた初代御成橋も大正のよき時代に文人たちに愛され、文学作品にも登場し、幸せな時代を過ごせたことを嬉しく感じる。

大正十二年七月には沼津町と楊原村が合併して新生「沼津市」が誕生したが二カ月後の九

月に関東大震災が発生し、沼津でもかなりの震度を記録し、倒壊した建物や死傷者も多く出た。鉄橋の御成橋は大きな揺れにもびくともしなかった。短い大正時代の終焉となった同十五年十二月十日に再び大火が沼津市を襲った。同二年の大火よりは被害は少なかったが、七百五十六戸が消失した。幸いにも炎は今回は御成橋間際までは及ばずにすんだ。同二十五日に大正天皇は崩御して、七日後の元旦には昭和二年となる慌しい時代の移り変わりであった。

昭和時代の初期までは大正浪漫の余香が漂うよき雰囲気が沼津にも残っていたが、昭和大恐慌が勃発して、軍部の力がデモクラシーを弾圧するようになり、暗い時代が忍び寄ってきた。そのころから初代御成橋の存続に影響する大きな計画が持ち上がってきた。大正時代から氾濫を続けた狩野川の水害に悩んできた沿岸の市町村から、川の改修工事の請願が何度も県と国に出されていた。それに応じて静岡県と国で昭和四年から同十四年にかけて、総工費六百三十五万円を投じて狩野川改修工事が施工されることが決定した。私の手元には昭和四年に内務省横浜土木出張所で発行した「狩野川改修工事概要」という公文書がある。川の拡張工事に伴って、道幅の狭さも問題になってきた初代御成橋は撤去、解体されて全く新しい構造の橋が建設されることになった。昭和九年九月に狩野川改修工事は開始されて、二十三年と一カ月の短くも輝かしい生涯を初代御成橋は閉じた。

十五　交通の変遷と街の盛衰

御成橋周辺の本町、町方町《まちかたまち》、通横町、上土町、魚町《うおちょう》、仲町《なかちょう》などが、明治中期から昭和初期まで繁栄を極めていたと書いても、若い人には信じられない話と思えるだろう。その理由を理解してもらうためには、沼津の交通がどのように変化していったかを説明しなければならない。

江戸時代の陸上交通の中心は街道であった。東海道沼津宿の中心的な役割を果たしていた街は、沼津本町（現在は本町・下本町）である。元禄時代には、本陣二軒、脇本陣一軒、旅籠屋五十五軒が沼津宿で営業し、大半は本町に集中していたそうだ。明治二十二年に東海道線が開通して以降、旅客が利用する交通は次第に鉄道中心となっていったが、大正二年の沼津大火までは、置屋、貸座敷、寄席、演芸の劇場もこの地に多くあって賑わいをみせていた。

海上交通の様相も現在と全く異なっていた。昭和初期までの「沼津港」とは狩野川河口から御成橋付近までの西岸約二キロの「川岸港」を指し、船舶停泊施設もなく、一定の港域もない漠然とした区域であった。狩野川初の橋「港橋」の名もここから由来している。何せ川は

初代御成橋南西岸「汽船場」に発着していた「竜宮丸」（当時の絵葉書）

上流からの土砂が流れてきて、浚渫《しゅんせつ》工事をたびたび行っても深さも絶えず変化するので、船舶の航行には危険を伴い、港としては誠に不適な場所であった。しかし、永代橋付近西岸は明治時代から魚市場となっており、沼津の漁業会社、水産業者も仲町や魚町に多く居を構えていた。その上流御成橋までの西岸は、伊豆方面からの旅客定期船や観光船の船付場となっていて「汽船場」と呼ばれたが、川底が浅かったので大きな定期船は一度は河口付近に停泊し、艀《はしけ》に旅客を乗せ替えてくるなど不便な状態であった。しかし、漁師、仲買人と共に伊豆方面からの旅客の表玄関であったため、周囲の街は商店、銀行、病院、飲食店、旅館、寄席、映画館などが軒を連ねていて大繁盛していたのだった。

昭和初期から静岡県の事業として、沼津新港の設置工事が開始されて、昭和八年に新たな「沼津港」が完成した。現在は緑道となり軌跡を残す「蛇松線《じゃまつ》」は元来東海道本線沼津停車場建設の際に資材を輸送する目的で設置された短い単線支線鉄道だったが、新沼津港ができてからは東海道線への漁獲物の運搬にも利用された。この奇妙な蛇松という名は終点の地点に蛇の形をした大きな松の木が立っていて、傷つけると血を流すなどの迷信で恐れられていたことに由来する。新沼津港の完成以降、魚市場も移転して、漁業と海上交通の流れは大きく変化してしまった。続く太平洋戦争の沼津大空襲により沼津市街地は廃墟と化して、かつて栄光を誇った御成橋〜永代橋西岸一帯の街の賑わいもどんどん衰退し始めたのだ。

第二次世界大戦後の復興対策で、商店街も一時は活気を取り戻した時期があった。昭和二十八年には町方町が中心となり「アーケード商店街」を完成させた。来客が雨に濡れない構造で耐火構造を持ち、統一された照明、看板の大きさなどで「美観地区」に市から指定されて市内と周辺から大勢の買い物客が訪れて賑わった。続いて同三十二年には「上土センター街」も完成し、この一帯にも戦前の賑やかさがよみがえった感があった。しかし昭和三十二年に沼津駅前に「西武百貨店沼津店」が進出し、続いて他のデパートも次々に開店し、駅南口周辺に商業の中心が移っていった。

昭和四十年代から買物客の交通手段に革命的変化をもたらしたのは思い掛けない自家用車の急激な普及だった。昭和五十七年に沼津駅北近くに大型店舗「イシバシプラザ」が大手スーパー「イトー・ヨーカドー」を併設して開店し、その後堰を切ったように続々と郊外に大型商業施設が増えていった。この種の店舗は自家用車の家族連れが気楽に駐車場の心配もなく来店できて、複数の店に行かなくても買い物が一ヵ所で足りてしまう。既存の商店は、品揃えと駐車場の用意では太刀打ちできない。閉まったシャッターが多く並ぶ荒廃した商店街は沼津だけではなく、地方都市すべての問題となっている。

十六　七十歳を越えて～二代目御成橋

昭和九年九月より開始された国と県による「狩野川改修工事」は川幅の拡張と共に、御成橋東岸周辺の建造物も一部取り壊して川堤を増設する大規模工事で、橋周辺の景色は一変してしまった。初代御成橋が煉瓦橋脚もろとも撤去され、新たな橋が開通するまでの約三年間は、渡し舟も復活し、上土の朝日稲荷から東岸の田内材木店付近まで木造の歩行者専用仮橋が架設された。馬車や自動車は三園橋、永代橋に迂回を余儀なくされた。この際に「港橋創架の碑」も二代目和田伝太郎氏の私費で、橋の南東袂から市場八幡脇に移築された。

工事の様子は「御成橋改築工事概要」に何枚もの写真が掲載されている。まだクレーンもない時代で、両岸に巨大なコの字形のゲートが設置され、そこから掛けられたロープを使って資材が中央に向かって運搬されて組み立てられる方式で資材運搬を行った。その壮大な工事の模様は沼津市民の心を圧倒したそうだ。橋の形式は、「下路（道路が橋の構造物の下を通る様式）、バランスド・タイド・アーチ（アーチの両端からさらに橋が岸に伸びる美観をもたらす様式）、ソリッドリブ（鋼板鉄骨による素材）橋」が正式名称で、東京の隅田川に

工事中の二代目御成橋

大正十五年に竣工して、谷崎潤一郎や吉井勇らの文人が建築美を絶賛した名橋「永代橋」と同じ形式なのだ。二年十カ月の工期、総工費三十五万六千円を費やして、昭和十二年六月に二代目御成橋は竣工した。橋長百三十メートル、車道の幅は九メートル、歩道の幅は左右各二メートル、その他を含め計十五・六メートルの橋幅で静岡県東部最大の鉄橋となった。製作は鶴見製鉄造船株式会社、架設は浅野造船所が請け負った。橋灯は両端近くに一対の柱灯が計四基設けられ、アーチ中央付近左右にも美しい灯火が計四基設置された。橋の塗装はグレー・ペイント（塗料の配合も当時の資料に記載されている）で、現在のシルバーより落ち着きがありよい色だったといわれる。

同年七月一日は素晴らしい晴天となり、初夏の太陽が新しい橋の誕生を祝うかのように照り映えていた。当日は沼津市制記念日でもあり、その祝賀も兼ねて盛大な開通式が午前十時から執り行われた。神官の露払いにより式は開幕し、三代の夫婦が揃った長寿二家族（二組とも姓は杉山さんだった）を先頭として、花火が青空に鳴り響く中、渡り初めが古式ゆかしく催行された。続いて内務省の役人、県知事、市長など集まった千人以上の市民が完成を待ちわびた二代目御成橋を渡り、当時八幡町にあった沼津市公会堂に集い大祝賀会が開催された。初代の不運な誕生に比べて二代目は何と晴れがましいスタートを切れたのだろう。開通翌年の六月には集中豪雨が狩野川を襲い、上流の三園橋は流出、下流の永代橋は半壊したが、御成橋は無傷で新橋の面目を保った。

やがて鋼鉄のアーチ橋の頭上に輝いた青空にも軍国主義の暗雲が垂れ込めてきた。昭和十三年には同盟国ナチス・ドイツの青少年団、ヒトラー・ユーゲントが来日して沼津にも来訪し、軍靴を響かせて御成橋を渡った思い出を歓迎式に出た父は語っていた。昭和大恐慌で経済的にも落ち込み、国際社会から孤立して追い詰められた日本は、昭和十六年に太平洋戦争を開戦した。戦時中は出征を祝う市民の日の丸の小旗に送られて、香貫方面から兵士らが橋を渡って戦地に赴き、その中には帰らぬ人々も多かった。セミ・スチール製の高欄と橋灯も、金属不足で軍に徴収され、戦後しばらくの間は粗末な木製の高欄で代用された。昭和二十年になると、たびたび米軍のB29が沼津上空を飛行して、何度か爆弾を投下した。同年四月十一日には、通横町の呉服店と御成橋北西袂の鰻割烹「寿々喜」にB29が飛来し爆弾を投下して、死傷者計五十三名を出す大惨事が起きた。爆撃地から飛んできた爆弾の破片と破壊された器物は御成橋まで飛び散って、アーチを支える十五本のH型鋼鉄柱に当たり、数本には当時の傷跡が残っている。上土方向から数えて、北側四本目（「張紙　禁止　静岡県」の表示がある）と南側十本目には衝撃でえぐられた鋼板が生々しく確認でき、戦争の恐ろしさを伝えてくれる。同年七月十六日には百三十機以上のB29が飛来して沼津に焼夷弾を投下し、市街地を灰塵と化した「沼津大空襲」がアメリカ軍によりもたらされた。多数の市民が御成橋を渡り、香貫地区に避難して事なきを得たのは不幸中の幸いであった。

終戦後の復興も、戦災からも無事に残った御成橋は交通面でしっかりと支援してくれた。交通面だけではなく、観光面においてもだ。昭和二十三年から催された「沼津夏祭り」の会場は当初は千本浜であったが、二年後からは、御成橋周辺で「川開き仕掛花火大会」と銘打って現在まで続く盛大な花火大会が行われるようになった。当時は八月の二日・三日に花火大会が開催されたが、現在は七月最終の土・日に開催され、内外から多くの観光客を集めている。花火も年ごとに工夫が凝らされ豪華になっているが、昔ながらのフィナーレで御成橋の左右から滝のような仕掛けで川面に火花を落下させる「ナイアガラ大瀑布」は誰もがため息を漏らす美しさである。この祭りの日には普段は閑散とした橋周囲の街に屋台がずらりと並び、様々なイベントが町中を彩り、数十万の観光客が訪れて盛大な賑わいとなる。祭りの後には夥《おびただ》しいゴミが残されるが、ボランティア団体が翌朝に清掃活動を行い街はすぐに綺麗になってしまう。近年は観光客のゴミ捨てのマナーも、持ち帰りの呼びかけなどでやや向上していることが喜ばしい。二〇一二年の夏祭り初日は、初代御成橋開通日の七月二十八日。ぴったり百年目だ。

昭和三十三年九月に襲来した「狩野川台風」は川の上流を中心として多大な被害をもたらしたが、この際も御成橋はびくともしなかった。橋脚には流れてきた家や人が引っ掛かり悲惨な様相を呈したそうだが。昭和三十年代後半から御成橋周辺の商店街は、交通の変化と大型商店の駅南北周辺への相次ぐ進出で、衰退の道を歩んできた。平成九年に上土町・通横町市街地再開発事業によって、愛称「ナティ」の沼津東急ホテルとマンション・店舗が完成して、この地域の発展に一石を投じた。このプロジェクトについては十八章を読んでいただきたい。

同十一年には歩行者・自転車専用の「あゆみ橋」が上流三園橋と御成橋の間、沼津中央公園から市場八幡裏に開通した。市役所職員関係らの交通の便はよくなっただろうが、相変わらず多くの大型トラックなどが高齢の御成橋の上を容赦なく地響きさせて通過している。さらに沼津駅への通行者の流れが変わってしまい、上土やアーケード街方面の商店へ足を運ぶ客を減少させてしまった感が否めないのは残念だ。同十四年から御成橋もライトアップがされるようになり、漆黒の川面にブルーの逆アーチが映るさまは実に美しい。

かくして平成十九年に二代目御成橋は無事に七十歳を迎えることができた。五十周年の時にはあった御祝いはなくひっそりと……高欄には錆《さび》が浮かび、車道も荒れて轍《わだち》が目立ち、雨の日は歩行者を水飛沫が襲う。親柱やアーチには心が満たされずすさんだ若者らの意味不明な落書きが消されずに放置されたままだ。戦前から残る歴史建造物であり、東京の永代橋と同じ構造のりりしい外観を誇る、沼津の象徴ともいえるこの橋を、管理者の県と沼津市はもっと大切にしてもらいたいと切実に感じるのは私独りだろうか？

十七　消えた書店

小・中学生時代から本の虫であった私は、御成橋を渡って毎日のように本屋に通った。上土交差点を越えた通横町の南側にはスルガ銀行横に「マルサン本店」が、北側には「蘭契社」と沼津の老舗書店が通りを挟んで二軒あった。蘭契社は明治時代から絵葉書や市誌、教科書なども出版しており、同社が明治四十一年に発行した観光ガイドブック「沼津之栞」の広告ページには、新聞販売の取次や広告代理店のような業務も行っていると書かれている。当時も過去に繁栄した名残がわずかに感じられた。

しかし、私と父が足繁く通ったのは「マルサン書店」の方であった。二階建ての店内に入ると、木の床にかけられたワックスの匂いと現在の書籍からはあまり感じられない独特な印刷インクの匂いが迎えてくれたのが懐かしい。年の瀬になると婦人雑誌や少年少女雑誌の付録で分厚く膨れ上がったぴかぴかの表紙の新年特大号がレジ横に山高く積まれ、「もうすぐお正月だな」と心がわくわくした。初売りには、雑誌の付録だけが入った福袋をお目当てにお年玉を手に走るのが楽しみだった。父は私に科学方面に興味を持って欲しかったらしく、

「子供の科学」という雑誌や天文学の本をよく買ってくれたが、私自身は外国の絵本や小説の方が大好きで、年少時は岩波書店の「ちいさいおうち」「こねこのぴっち」などの子どもの本シリーズ、成長してからは同書店の少年少女シリーズの「クマのプーさん」「楽しいかわべ」などを何度も何度も読んだ。狩野川の岸辺にイギリスの川を想ったり、家の庭の芝生の陰に妖精や小人を心の目で見いだして友とした夢見がちの小学生であった。

父は漫画の本を私が読むのをあまり快く思っていなかった。しかし当時テレビ・アニメーションで大流行した手塚治虫の「鉄腕アトム」や「ジャングル大帝」はチェックの末許可が下り、光文社から月刊で出版されていた「アトム」の発売日には、放課後まっしぐらに御成橋を渡りマルサン書店に駆けつけた。唯一の不満が書店にあった。それは雑誌の帯がシールになっていて付録の役割をしていたのだが、帯だけこっそり剝がして万引きする悪餓鬼が多かったとみえ、書店は対策として帯をはずしてから店頭に置き、レジに持って行くと帯を戻して売るという方法をとっていた。しかし必ずしも最新号のシールではなく、好きではない「鉄人28号」や既に持っている古い号のものが付いていた時が多く、帰ってからがっかりして泣きべそをかいていたら、「おまけなんかにこだわるのではない」と父に叱られた。

通横町の蘭契社はいつの間にか駅の近くに移転してしまったが、マルサン書店は「本店」

を通横町に置き続けた。昭和四十年には沼津駅前のデパート「富士急名店会館」に出店、同四十四年には仲見世店、同四十八年には沼津駅ビル店、同五十一年には県東部最大の大型店舗の宝塚店と次々と支店が増えていった。私は高校生のころ、駅前のデパートに道草を食って帰るのが習慣で、富士急店の店長さんだった渡辺さんや女性店員の畠山さんにはお世話になって懐かしい。県立沼津東高校の同窓生、古沢有一君は、現在楽器部の代表取締役を務めているが、「懐かしの悪友」の一人である。

大学に入学してからは帰郷のたびにマルサンを訪れていたが、鈴木計一店長の「宝塚店」は東京の書店に引けを取らない品揃えと絵画の個展やアカデミックな企画展もたびたび催されて地元の誇りといえる書店だと感じてきた。一方年ごとに、御成橋周辺の商店は寂しく閉店をしていき、かつては客の途切れることのなかった通横町店も人影が少ない店となってしまった。私が沼津に開業して戻ってから九年目、平成十年四月に「マルサン本店」は六十四年にわたる店の歴史の幕を閉じた。そして御成橋周囲には二軒の古書店以外に新本を扱う書店がない状態が続いている。マルサン書店は「本店」の名は消えたが、現在も品揃え豊富な「仲見世店」は沼津の文化の砦として盛業している。

明治三十五年にマルサン書店は「古沢書店」という名で、上土町の現在の東急ホテル向かい辺りに古沢安太郎が創業した。その地には以前「文林堂支店」という書店が営業していたそうだが史料が残っておらず、どのような経緯で古沢書店が引き継いだかは不明である。前述「沼津之栞」の広告にも「新刊書籍、運動具、一切は当店にあり」とうたっているが、大正二年の沼津大火の時この店は全焼してしまい、東向かい側（東急ホテル付近）に移転した。不況下の昭和九年に、古沢書店は博文堂、大庭至誠堂という書店と合併して、合資会社「マルサン書店」を設立した。マルサンという名は三軒が一緒になって円滑（まるく）に繁栄をとの願いを込めて付けられたとのこと。当時は町方町にあった四階建ての「岳南デパート」（後年の松菱）にも支店を置き、昭和十年に通横町に店舗を移転したそうだ。

近年はインターネットでの書籍販売や情報が容易に無料で入手できる（かつての優良商品の事典の売れ行きは急減した）環境と、大規模小売店の書店増加などで、我が国の一般書店の経営は大変難しい局面を迎えている。しかしネットが使えなかったり、車が運転できない老人や子供のために「街の本屋」を復活していただけないかと願うこのごろである。

十八　上土再開発がもたらしたもの

御成橋の上から北西岸の上土方面を眺めるたびに感慨に浸ってしまう。階段状に白く川縁に広がったテラス状親水堤防の上で、恋を語る若き男女、犬を連れて散歩する人々、カンバスに景色を描く人やトレーニングに汗を流す外国人などが、川風に吹かれながら心地よい時を過ごしている。落ち着いた色調のマンションと結婚式場のチャペルを擁《よう》する東急ホテルが背後に佇む。昔と変わらないのは狩野川の流れに御成橋だけ。かつては北の空に浮かんで見えた富士山は数年前からビルに隠されてしまった。国籍不明のこの眺めの中央付近には真っ赤な朝日稲荷の鳥居と社が目立ち「ここは日本である」と主張している。この美しくも不思議な眺望に変わってから早十年が過ぎていった。

上土という地区は狩野川の御成橋上流西岸に位置する。名の由来は十六世紀末の天正年間に築かれた「三枚橋城」を築城する際に堀を造った際の堀土を積み上げた地域であったからといわれる。実際に再開発工事中、地表三メートルの深さから、外堀跡の石積みが数百年ぶりに姿を現して話題となった。この城は武田勝頼が伊豆の北条氏と戦を進めた際の出城として築城

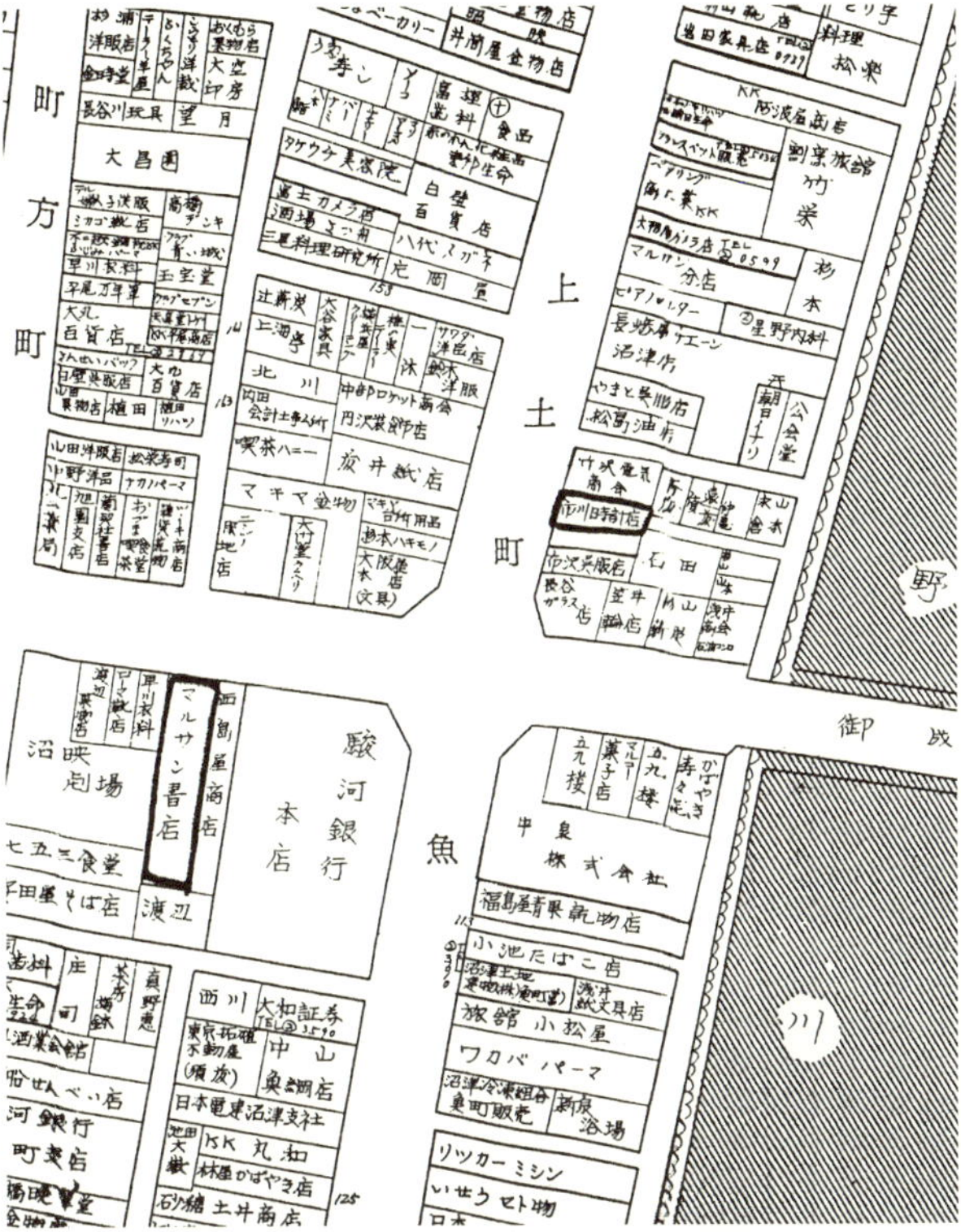

昭和40年の上土町付近商店街（ゼンリン地図より）

され、後年の十八世紀後半の安永年間に水野忠友が居住のために築城した「沼津城」とは異なり、「沼津古城」とも呼ばれる。

江戸時代から上土地区は、隣接する西側の町方町が武家の居住地区（この両地区を東西に結ぶ道沿いの地区を通横町と呼ぶ）であったのに対して商業の町として発達してきた。狩野川の風情ある景色を愛でることができるため、料亭「浮影楼」「湖月」「寿々喜」が戦前に軒を連ね、戦後も「松楽」「竹栄」といった割烹料理店（後者は旅館も兼業）が営業していた。また、川も海上交通の役割を果たしていたので、倉庫も明治、大正には多かった。前出の「古沢書店」（マルサンの前身）「大坂屋本店」「大阪屋写真店」も上土にあり、「市川時計店」「布澤呉服店」は錚々《そうそう》たる老舗の商店で、私の家も祖父母の代から御世話になってきた。

四十年前の私が小学生だったころにタイム・スリップして、上土の散歩をしてみよう。御成橋を東から渡って上土方面を眺めると川岸には橋の北袂から石段が伸びた後、狭い道が這うように続き、西向こうには古びた建物が石垣の上に並んでいた。渡って北側の通りの店も「消火器屋さん」「炭・練炭屋さん」（店の前にずらりと並んだ沼津の映画館の看板を観るのは楽しみだった）「自転車屋さん」がこぢんまりと並ぶ鄙《ひな》びた横丁の雰囲気だった。交差点角には大きな「長倉ガラス店」が店を広げ、子供時代の私は、透明なガラスや鏡が並ぶ店内にエキゾティックな雰囲気を感じて大好きだった。交差点を右に曲がると安政二年創業の「布澤呉服店」、明治生まれの祖母は洋装より着物姿の時の方が多く、お供でたびたび訪れた。次は「市川時計店」、時計が好きな父と散歩の時によく覗いた老舗である。隣には「高藤電気商店」、御稲荷様へ向かう小路を渡ると「松島油店」に「やまき木綿問屋」、その隣は広い土地で、かつては「ひのや」という酒問屋が繁盛していたそうだ。私が小学校低学年のころには「マキバ・デパート」という、一階だけの店舗で「デパート」とはおこがましい名であったが、子供心にはおしゃれに感じた小売店になっていた。その後わずかの間「長崎屋」がこの場所にあったが、「静岡相互銀行」になってしまいがっかりした。続く場所には「ピアノ・センター」があったが、間もなく一階は喫茶店「ラ・メール」、二階は「星野内科医院」になった。仮病で学校を休んだら、ここの医院に連れて行かれ、井上靖と沼津中学同窓生であった院長先生に苦手な注射をされてしまった苦い思い出が蘇る。次は大好きだった「マルサン分店」、マルサン書店の従業員が暖簾《のれん》分けして始めた模型専門店で、プラモデルが父子共に大好きだったのでよく訪れた（現在は通りの反対側に「マルサン・ホビー」として店がある）。そして写真が趣味の祖父と父が贔屓《ひいき》にしていて、社長が郷土史研究家の鈴川さんだった「大阪屋カメラ店」。そして割烹旅館の「竹栄」と続いた。これらの店があった場所が

「上土・通横町再開発事業」で平成九年にホテルとマンション、店舗複合施設「ナティ」として生まれ変わった。

昭和五十年代中頃、全国の中核都市にシティ・ホテルの建設を展開していた東急グループが、沼津市に適当な土地がないかを打診した。上土商店街では、前述した「静岡相互銀行」が移転して、残された大きな空き地が街の真ん中にあるのはよくないとして、小売店などの誘致を考えていた。市から東急の話を聞いて、街の活性化にはホテルでもよいではないかと話が進んだが、二百五十坪では大型ホテルの建設は難しいので、この地区全体の再開発ビル建設の方向に話が進んでいった。

昭和五十七年には「上土町・通横町市街地再開発事業組合」が設立され、巨大プロジェクトが動き始めた。当初は、ホテル、マンションのほかに、フィットネスクラブやショッピングセンターが併設される案もあったが、様々な経緯で廃案となった。そのころ、ちょうど建設省は狩野川西岸の護岸工事を計画していた。当初は刑務所の塀みたいな「かみそり堤防」が予定されていたが、組合は国と市に、景観もよく市民の憩いとなるような「親水装飾護岸堤防」の建設を要望して受け入れられ、現在の素晴らしい河辺ができたのだ。階段の石の色は、橋の上や対岸から眺めた時に松の木が生えている模様（上の花壇が葉の茂り）に見えるような変化を持たせてあることはあまり気付かれていない。

平成九年四月に「ナティ」（公募したホテルとマンション、店舗全体施設の愛称）は華々しく幕を開けた。東急ホテルの和食処「源氏」、ラウンジ「リヴィエール」からは息をのむほど美しい御成橋と狩野川の景観が広がる。大正時代の料亭にいる気分で食事をしたり、青いライトアップの逆アーチを水面に眺めながらカクテルを楽しむことができる。完成してから、私の父は亡くなるまでの五年間、足繁くここに通った。結婚式場、会議場としても利用され、沼津唯一の本格的シティ・ホテルとして内外の客に愛されるホテルとして盛業している。

親水堤防になってから、川岸では沼津夏祭り花火大会の桟敷も席が多く、見やすくなったと評判で、ウインター・ステージと称する冬の花火大会やコンサートなどのイベントも四季を通じて開催されるようになったのは嬉しい限りだ。一方、マンション一階の店舗はこの十年で撤退した店もあり、商売の難しさを感じる。二階の「可能館」というイベント・ホール（スルガ銀行所有）もせっかくできたのに、使用されている時が少ないようだ。周囲の商店街の客はあまり増加していない様子で、道に設置された様々な彫刻のオブジェも寂しそうなのが残念だ。

開発組合で理事長を務められた「布澤呉服店」の澤金平氏は私に語った。「組合ができてから施設が完成するまでは十五年かかりました。様々な業種の方がいらっしゃったので、まとめていくのが大変だったこともあります。ナティができて十年。前よりよくなったとおっしゃる方が多く、幸い悪くなったとおっしゃる方にはお目にかかりません」。

十九　狩野川の橋列伝～名前だけの橋も！

さて、御成橋は何といっても狩野川に初めて架けられた橋、沼津のシンボルでもある。ここで沼津市内の狩野川に架かる他の橋をざっと紹介してみよう。

黒瀬橋

狩野川が清水町を通って沼津に入り初めての橋であり、御成橋の次に古い狩野川の橋でもある。この辺りにも架橋される前には渡し舟が運行していた。この辺りの狩野川の流れる瀬が青黒い色をたたえていたので「黒瀬」という名が付けられた。明治十二年ころに近在の有志十四、五名が木橋を私財で架設し、港橋のように渡り賃を徴収していた。たびたび水害で流され、大正十二年沼津市が誕生した際に無償で提供された。その後も木橋のためにたびたび災害に遭い、昭和二十年には戦災で消失、同三十三年狩野川台風にて流出してしまい、その後昭和三十七年に現在のコンクリート製のものに建て替えられた。

この辺りは以前は蛍の名所としても知られて、初夏のころになると数万の蛍火が川面を照らす幽玄な美しさが観賞されたそうだ。近年まで香貫に渡った所に八宏園という旅館があって、庭園で蛍狩りを行う夏の風物詩が残っていたが、現在は蟹料理店に変わってしまい、もはや蛍は夢物語になってしまった。

三園《みその》橋

三枚橋町と御幸町を結ぶ黒瀬橋の次の橋である。名前の由来は三枚橋町と対岸に沼津城の菜園場があったために三と園を合わせて付けたと言われるが、菜園場の「さいえんば」が崩れて橋の名になったとの説もある。昭和三年に木橋として架設され、昭和十三年に洪水で流出、昭和二十年には戦災で消失してそのたびに木で建て替えられたが、昭和三十三年に現在のコンクリート製に建て替えられた。車道優先で歩道が狭いものしか取り付けられていないので、歩行者には大変不便な橋である。沼津の南北の交通でいつも渋滞しており、この橋が「三枚橋」だと思っている市民もいる。

あゆみ橋

元沼津城本丸の位置で、現在はホームレスとスケート・ボード族に占拠されている恥ずかしい「沼津中央公園」（昭和初期まで刑務所があった時に比べればましかも）と市場町八幡神社裏を結ぶ、人と自転車の専用橋で、平成十一年に竣工した。三園橋と御成橋の中間に架かる。張弦桁橋・斜張橋の複合形式という世界初の構造で建てられた。名前は市民に公募して決定したが、亡き父は沼津駅から沼津市役所に通勤する人たちが楽になるだけだと皮肉って「やくしょ橋」と応募したと笑っていた。この橋から眺める御成橋のライトアップされた姿は非常に美しい。冬にはクリスマスのイルミネーションが点灯して人気のようだ。

永代橋

第四章でこの橋の初期の略歴を述べたが、東京都の隅田川に架かる同名の名橋とは比較にならない惨《みじ》めな歴史の橋である。大正三年に沼津町に託された後も木橋であったために流失し、大正十五年にはT型コンクリート桁橋に改築された。しかし、昭和十三年には洪水で流されてきた船が引っ掛かり橋脚が壊れ、昭和初期の狩野川拡張工事の際も一部を木製として拡張補修しただけの情けない様子が続いた。昭和三十年にやっと木製部分がコンクリート製に改造された。平成二年には鳴り物入りで、歩道が広く、絵なども配置した現在の立派な橋となったが、勾配がきついために老人や病人の歩行者には大変不評である。

港大橋

昭和四十三年に竣工した狩野川最下流の橋である。以前にはこの付近に「我入道の渡し」が運行していた。この地点に近年に至るまで橋がなかったのは不思議に感じる。名は「港橋」が過去にあったために「大」を加えたのであろう。文字通り沼津港に近い位置にあり、西岸に渡りしばらく進むと沼津魚市場があり、隣接の食堂街は内外の観光客で賑わう。

浪人橋

黒瀬橋北側にある浪人川という狩野川支流（溝川みたいな流れ）にコンクリート製の小さな橋が架かっている。江戸の昔にこの橋を修理しようと人足が石を運んでいたところ、一つ大きな重い石があり、皆が運べなくて難儀していたところ、一人の浪人がやって来て、軽々とその石を持ち上げて川に架けて立ち去ったという伝説が残されている。明治の文献では日吉川に架かる浪人橋となっているが、今回調査したところ、川の名は浪人川で橋の名は日吉橋となっていた。川と橋の名の逆転現象で、浪人橋はその名のごとく消え去ってしまった。

三枚橋

「沼津古城」とも呼ばれる「三枚橋城」（十六世紀末に武田勝頼が築城）の名の由来となったことで有名な橋だが、狩野川支流の狢《むじな》川に架かる小さなコンクリート橋に過ぎない。この辺りは鎌倉時代には急な坂道で「車返しの里」と呼ばれた宿場町で、その後「三枚橋宿」という沼津宿を構成する三つの宿の一つとなった。橋の名も三枚の石で架けられた橋ということから名付けられ、当初から小さな橋であった。この辺りの「三枚橋」町の名は地元の人にも親しまれている地名であるが、どこに橋があるかを知る人は少ない。本当の三枚橋は沼津市役所方面から三園橋を渡って、「旧国道一号線」を左折してしばらく行くと道路を潜るようにしてひっそりと残されている。

二十　狩野川奇談〜魔界の世界

川は命の源である水の通り道。流域の田畑を潤し、水上交通の道筋としても大切で、地球の動脈ともいえる存在である。川の周囲に世界の四大文明も発生したのだ。人類の営みに欠かせない大切な川だが、また暗い面も持つ。ギリシャ神話では、死者の霊が冥界に行くのにはスティクス川という川を渡らねばならない。この川の渡し守はカロンと呼ばれて西洋美術にもよく描かれる。仏教で死者の魂は三途の川を渡るといわれるのと符合している。

川に架かる橋にも、恐ろしい逸話がたびたび語られる。橋の流出や破壊を防ぐために、神に生きたままの人身御供を捧げた「人柱」の話は各地に伝えられている（海外ではロンドン橋の人柱が、マザー・グースの唄の中に暗喩《あんゆ》となり伝えられたことで有名）。私も子供のころから、「御成橋にはかつて人柱が捧げられた」というぞっとするような話を何回か聞いて育った。

確かに港橋は明治二十三年に木造三連アーチ構造を持つ形で改築されて以来、周辺の黒瀬橋や永代橋が水害で流出や破壊を繰り返したにもかかわらず、一度も（御成橋となってからも）大きな被害を被っていない。本書を作成するのにあたって、文献を調べたり、周囲に住む古老の皆さんに話を伺って調査したが残念ながら「人柱」の具体的な伝承は見つからなかった。現在の御成橋でも、橋の上から身投げをして亡くなったり、車道と歩道の間のアーチを登って転落死したといった事件の新聞記事を何回か読んだ覚えがある。アーチの幅は九十五センチで、酒に酔うとつい登りたくなる人が多いらしい。アーチ中央は歩道からの高さが約十メートルで、そこまでたどり着く前に大抵の者は酔いも醒め、青ざめて這って降りるようだ。私は霊感が強い方で、イタリア・ミラノのホテルで金髪の幽霊に会ったり、東京では勤務先の病院で不思議な体験をしたこともあるが、御成橋上では霊気を感じたことはない。だが別の橋では恐ろしい体験をしたことがあった。

　御成橋下流の永代橋は前章に書いたように様々な因縁があった橋である。子供時代から、「永代橋には幽霊が出る」という話はよく聞いた。

　昭和三十三年の「狩野川台風」の際は、上流から被災した家屋や家畜、そして遺体が数多く流れてきて永代橋の橋脚に引っ掛かったそうである。この凄惨な災害の後から幽霊話が多く語られるようになった。若い女教師の遺体が学校の建物の残骸と共に流れ着いて、橋に幽霊となって出現するという怪談も小学生のころに聞いた。タクシーの運転手が女性客を乗せて永代橋を渡った後、振り向くと乗客の姿は消えてシートに水で濡れた跡が残ったという全国によくみられる類の怪談もあった。

私が高校二年のころ、風が強く吹いていた冬の夜、永代橋を西から渡った時の身の毛のよだつ恐ろしい記憶は、いまだに忘れられない。歩いていると背後の暗闇から何かがじっと付いて来る気配がした。立ち止まって振り返ったが誰もいない。再び歩き出すと足音もなく何かが追ってくるようだった。恐怖で走り出した私は、市場町の家に逃げ帰ったが、しばらく動悸が止まらなかった。その後もこの橋の西の袂に行くたびにぞくっとする霊気を感じたものだった。幸い平成二年に新しい橋に改築されてからは霊気を感じない。

昭和九年に発生した「高橋巡査事件」も恐ろしい実話である。この年九月のある日、一人の巡査が「勤務日誌」に犯罪調査に出掛けると書き残して行方不明になってしまった。翌朝に上土川岸で刃物で切られた巡査の制帽が発見され、続いて川の中からはサーベルも見つかった。川を浚《さら》って大捜索が行われたが、遺体は発見できなかった。この時には沼津駅西の「一つ目ガード」（現あまねガード）が工事中だったので「巡査の遺体はコンクリートで塗り込められた」というまことしやかな噂が広まった。私の子供時代にもこの事件は有名で、暗いガードをくぐる時に怖い思いをしたものだ。その後もガード改良工事のたびに「死体が見つかるかも」と話題になったが、今に至るまで巡査の消息は不明なのである。この事件が発生した年は、二代目御成橋の建築が始まったころでもあったため、巡査が人柱にされたとの噂もたった。

幽霊よりは愛嬌がある河童の話も狩野川流域には多い。黒瀬橋の青黒い瀬は俗に「青どんぶり」と呼ばれ、河童が出てきて水に引き込むといわれ、泳ぐ子供たちにも恐れられていた。また、上土の現沼津東急ホテル北辺りに「阿波屋」という糸問屋がかつて栄えていた。この家には代々「河童の膏薬」が伝えられて万病に効くといわれていたそうだ。この家の爺様の夢枕に河童が現れ「店の裏の川の穴に入っていたら石が流れてきて穴が塞がれて出られなくなったので助けてくれ」と告げた。爺様が翌朝その場所に行って石を取り除くと弱った河童が出てきて感謝して、御礼に膏薬の処方箋を教えたという伝説があったそうだ。全国に「河童の膏薬」伝説は同じような内容で語り継がれているが、河童の姿を御成橋の上からしのぶのも一興だろう。

あとがき

私が御成橋を渡る時に最も心がときめくのは、十七年前からの愛車「アルファロメオ・スパイダー」を駆って走り抜ける時だ。三十数年前の未来がいつでも眩しいほど輝いていた青春時代に魂が引き戻されてしまう。中学生時代に、本と音楽と共に熱中していたのは洋画の鑑賞であった。沼津にはまだ多くの映画館が残っており、毎週のように通ったものだ。「ロミオとジュリエット」「ある愛の詩」「小さな恋のメロディ」、ロマンティストだった私はラブ・ストーリーが大好きだったが、マイク・ニコルズ監督の「卒業」には特に感激して十何回も観た。ダスティン・ホフマン演じる主人公ベンが、真の愛を見出したエレーンを婚約者から奪い返すために結婚式場の教会に向かって赤いアルファロメオ・スパイダー・デュエットを疾走させる。ロスのゴールデン・ブリッジをサイモンとガーファンクルが歌う「ミセス・ロビンソン」が響くなか、真っ赤なオープン・カーで走り抜けるシーンは私の心を痺《しび》れさせ「いつかこの美しい車を手に入れて、御成橋を走り抜けてやる」と誓わせた。幸いアルファロメオ・スパイダーは三十年近くフル・モデルチェンジをしなかったので、この誓いを果たせたのである。

私の現在を育ててくれたのは亡き父だ。勉強しろと一言も言わなかったが、本とレコードはいくら買っても文句を言わず、一緒に洋画を見たり、英語の図鑑を読んだりして、海外文化に目を開かせてもらった。父も英語、ドイツ語、フランス語が堪能だったが、病弱なために海外には一度も渡らずに世を去った。英米文学への道を進みたかった私をいさめて医学部に仕方なく入った時や、開業する際に一緒に診療をしようという私の甘い考えを冷たく拒否した時などに父を恨めしく思ったことが何回かあった。

晩年に東急ホテルが開業すると、父はホテルのラウンジや和食処からの眺めがいたく気に入って家族を誘ってよく訪れた。月光に照らされた御成橋と狩野川を眺めながら「ミシシッピ川の外輪船みたいな観光船を狩野川に就航させれば、沼津にもっと観光客が訪れるようにならないかな？」と夢のようなことを言い、リバー・サイドの景観をこよなく愛した父は、平成十四年にあの世への橋を渡って永遠に旅立ってしまった。お互いにシャイで、ストレートに感謝や詫びを言うことも少なかった父と私。亡くなる前に親孝行が何もできなかったのが悔やまれてならない。

橋は別世界への交通手段だ。そして人々が出会って、別れるところ。橋も人と同じようにいつか寿命が尽きて建て替えられる運命にある。流されたり、老朽化して。幼いころから父に連れられて何度この御成橋を渡ったことだろう。あのよき時代、橋を渡るとそこには賑わいがあり、文化が香っていた。今や沼津の商店街は閉まったシャッターと飲食店ばかりになってしまった。秀峰富士に抱かれ、井上靖を育てた狩野川と御成橋を中心とする麗しきウォーター・フロントを活かして市民の憩いの場として、また、観光客がくつろげる街として何度も訪れてもらえる街にするように沼津はもっと何かできないだろうか。執筆を開始してからわずか一カ月でこの原稿を書き上げたほど私の情熱をかき立ててくれ、百三十年前からの貴重な史料を私の誕生日にもたらしてくれたのは父と代々の御成橋の霊魂に違いない。この書は亡き父と初代御成橋へのレクイエム（鎮魂歌）である。

この書を作るにあたって、静岡新聞東部総局報道部記者森下さん、静岡新聞出版部大滝さん、上土老舗の「布澤呉服店」、「市川時計店」の皆様、マルサン書店楽器部古沢君らの協力に感謝する。そして校正を手伝ってくれた妻の雅子と、亡き父、祖父母を愛してくださったすべての人々にもありがとうございましたと言わせていただく。

最後にこの書を執筆している間に自然にできあがった「御成橋音頭」の歌詞を掲載した。どなたか二〇一二年の御成橋生誕百年に向けて作曲、振り付けをしていただけないでしょうか？

御成橋音頭

作詞　仙石　規

西は上土城下町、
東は香貫の市場町、
橋は幕府のご法度だ、
ロシア軍艦難破して、
川を渡るはプチャーチン
それ、ととんがとんとん御成橋

城は壊され明治の代、
橋を造って街造り、
私財投げ打つ百九名、
これぞ維新の心意気、
狩野川初の港橋
それ、ととんがとんとん御成橋

弱い木の橋流された、
出来たよ沼津の御用邸、
丈夫な橋に建て替えろ、
明治の末に鉄橋に、
名前改め御成橋
それ、ととんがとんとん御成橋

恋の花咲く浮影楼、
牧水・白秋訪れた、
小唄流れる粋な宵、
靖の涙も受け止めた、
大正浪漫の御成橋
それ、ととんがとんとん御成橋

昭和初めの大工事、
戦の影が覆う前、
悲しき沼津大空襲、
逃げ行く人を橋渡し、
戦後の平和に夏花火
それ、ととんがとんとん御成橋

時は移ろい幾星霜、
火事も嵐も乗り越えて、
初代が出来て百周年、
昼は彼方に富士の峰、
夜は川面に逆アーチ
それ、ととんがとんとん御成橋

参考文献（重要なもの）

・『沼津港橋架橋資料』（明治初期～中期）
・『狩野川改修工事計画概要』（昭和４年）
・『御成橋改築工事概要』（昭和12年）
・『土木建築工事画報13巻３号』（昭和12年）
・『沼津之栞』（明治41年）
・『駿東郡沼津町誌』（昭和55年復刻）
・『楊原村沿革誌』（昭和63年復刻）
・『静岡県駿東郡誌』（大正６年）
・『沼津市誌　全』（昭和12年）
・『沼津市誌　上～下巻』（昭和33～36年）
・『沼津市史　史料編　近代１』（平成９年）
・『沼津市史　近代２』（平成13年）
・『沼津市史　現代』（平成16年）
・『沼津市史研究　５』　（平成８年）
・『御成橋のつぶやき』（昭和63年）
・『沼津いまむかし』（昭和62年）
・『沼津史談　19号』（昭和51年）
・『沼津、三島、清水町　町名の由来』（平成４年）
・『沼津朝日　新年号　川口和子氏の記事と絵図』（昭和59年～平成16年）
・『若き日の井上靖研究』（平成３年）
・『井上靖青春記』（平成16年）
・『中央区誌』（昭和23年）
・『中央区の橋・橋詰広場』（平成10年）
・『マルサン書店百年史』（平成16年）
・『ナティ　上土・通横町市街地再開発事業記念誌』（平成９年）

仙石　規（せんごく・ただし）
1956年沼津市市場町に生まれる
静岡県立沼津東高等学校、順天堂大学医学部卒
平成元年より沼津市原にて耳鼻咽喉科医院開業
日伊医学協会会員、宮沢賢治研究会会員、イーハトーブ学会会員、中央区観光協会会員
1998年日本初スウォッチ・ゴールドメンバーに選出される
2001年フランクフルト・モーターショーにて筋ジストロフィー研究機関基金へのチャリティー・オークションで、世界第一号アルファ156GTAを落札、翌年、ジュネーヴ・モーターショーにて授与式
イタリアの文化、音楽（オペラからポップス）、映画（フェリーニ）の研究が生きがい（渡伊歴27回）。猫とワイン、モーツァルトとモーリス・ラヴェル、そして銀座をこよなく愛する。携帯電話とオートマティック車は一生持つつもりはない

時を駆けた橋～井上靖も愛した沼津御成橋の謎

静新新書　022

2008年 3 月17日初版発行

著　者／仙石　　規
発行者／松井　　純
発行所／静岡新聞社
〒422-8033　静岡市駿河区登呂3-1-1
電話　054-284-1666

印刷・製本　図書印刷
・定価はカバーに表示してあります
・落丁本、乱丁本はお取替えいたします

ISBN978-4-7838-0345-4 C1295